国网山东省电力公司应急管理中心

电力应急救援培训系列教材

电力应急通信

张治取　主编

中国水利水电出版社
www.waterpub.com.cn

·北京·

内 容 提 要

　　《电力应急通信》是《电力应急救援培训系列教材》中的一本，全书共分六章，主要内容包括应急通信概述、电力应急通信概述、电力应急通信系统常用技术、电力应急通信技术标准及要求、电力应急通信典型应用、电力应急通信系统典型故障和设备维护保养等。

　　本书可作为电力应急通信系统建设、运维、管理人员以及使用通信设备第一时间进入突发事件现场的基干分队队员的培训教材，也可供电力行业有关技术人员和管理人员参考。

图书在版编目（ＣＩＰ）数据

电力应急通信 / 张治取主编 ； 国网山东省电力公司
应急管理中心组织编写. -- 北京 ： 中国水利水电出版社，
2020.9
电力应急救援培训系列教材
ISBN 978-7-5170-8943-8

Ⅰ. ①电… Ⅱ. ①张… ②国… Ⅲ. ①电力系统通信
－应急通信系统－技术培训－教材 Ⅳ. ①TM73

中国版本图书馆CIP数据核字(2020)第191029号

书　　名	电力应急救援培训系列教材 **电力应急通信** DIANLI YINGJI TONGXIN
作　　者	国网山东省电力公司应急管理中心　组织编写 张治取　主编
出版发行	中国水利水电出版社 （北京市海淀区玉渊潭南路1号D座　100038） 网址：www. waterpub. com. cn E-mail：sales@waterpub. com. cn 电话：(010) 68367658（营销中心）
经　　售	北京科水图书销售中心（零售） 电话：(010) 88383994、63202643、68545874 全国各地新华书店和相关出版物销售网点
排　　版	中国水利水电出版社微机排版中心
印　　刷	天津嘉恒印务有限公司
规　　格	184mm×260mm　16开本　15.25印张　371千字
版　　次	2020年9月第1版　2020年9月第1次印刷
印　　数	0001—3000册
定　　价	**97.00元**

前　言

　　2011 年 12 月 10 日国务院办公厅修订发布的《国家通信保障应急预案》明确了应急通信任务是通信保障或通信恢复工作，应急通信主要服务对象是特大通信事故、特别重大自然灾害、事故灾难、突发公共卫生事件、突发社会安全事件及党中央、国务院交办的重要通信保障任务。该预案明确了在原信息产业部设立国家通信保障应急领导小组，下设国家通信保障应急工作办公室，负责组织、协调相关省（自治区、直辖市）通信管理局和基础电信运营企业通信保障应急管理机构，进行重大突发事件的通信保障和通信恢复应急工作。

　　2018 年 7 月 30 日国家能源局印发的《电力行业应急能力建设行动计划（2018—2020 年）》明确提出了要全面加强电力行业应急能力建设，进一步提高电力突发事件应对能力；充分运用信息化技术手段，完善应急指挥平台智能辅助决策等功能；加强应急队伍信息采集终端配置，实现电力突发事件多维度信息的准确快速报送；完善应急指挥平台运行维护机制，保证平台有效运转。

　　国家电网公司历来十分重视应急通信系统建设，早在 2008 年率先建成了覆盖华东、华中、西南、西北、东北电网以及湖南、福建、浙江等部分省公司的机动应急通信统建系统，之后各省公司陆续建设了自行组网的机动应急通信自建系统，这都在电力应急抢险救灾和重大活动保障中发挥了重要作用。为满足坚强智能电网建设的需要，根据国家电网公司统一部署，作为山东电力应急体系建设的重要组成部分，国网山东省电力公司于 2012 年建设完成了覆盖全省的机动应急通信系统，该系统以卫星通信为传输核心，以无线单兵、语音软交换、数字无线对讲、视频会商等系统为业务载体，为电力应急处置和重大活动保障提供了功能强大的音视频联络手段，满足了电力应急处置调度指挥联络的需要。

　　为提高电力应急通信运维管理人员的专业技能水平，进一步提升电力应急通信支撑保障能力，我们组织了有丰富经验的应急通信管理、教学和实践人员，在以往培训讲义的基础上，借鉴部分相关理论教材和设备操作说明书，并几易其稿，编写了《电力应急通信》一书。全书共分六章，主要内容包括：应急通信概述、电力应急通信概述、电力应急通信系统常用技术、电力应急通信技术标准及要求、电力应急通信典型应用、电力应急通信系统典型故障和设备维护保养等。

　　本书在编写过程中参考了最近几年来国家电网公司出台的一些技术标准和要求，参阅了一些最新出版物、文献资料以及设备生产厂家的产品说明书，在编写过程中还引用了一些网页图片，在此，特向原作者表示诚挚的谢意。

　　由于编者水平有限，书中定有疏漏和错误之处，恳请各位专家、读者批评指正。

作者

2020 年 9 月

目 录

前言

第一章　应急通信概述 ··· 1

　第一节　通信与应急通信 ·· 3
　　一、通信的概念 ·· 3
　　二、应急通信的定义和特点 ··· 3
　　三、应急通信的技术体系 ··· 5
　第二节　应急通信的发展历程 ··· 7
　　一、通信技术与应急通信技术的发展 ····································· 7
　　二、国外应急通信发展概况 ··· 7
　　三、我国应急通信的发展概况 ·· 11
　复习思考题 ·· 14

第二章　电力应急通信概述 ··· 15
　第一节　电力应急通信基本概念 ·· 17
　　一、电力应急通信定义和电力应急通信缩略语 ····························· 17
　　二、电力应急通信方式 ·· 18
　　三、电力应急通信建设背景 ··· 19
　　四、电力应急通信系统发展 ··· 19
　第二节　电力应急通信保障体系 ·· 20
　　一、电力应急通信的主要规定 ··· 20
　　二、电力应急通信系统逻辑构成和业务性能要求 ··························· 20
　　三、应急通信应对突发事件的任务 ······································· 22
　　四、应急通信保障重要保电的任务 ······································· 22
　第三节　电力应急通信方式 ·· 22
　　一、电力应急通信方式的选择 ··· 22
　　二、应急通信常用方式的抗灾害能力和灾后恢复难易程度 ················· 23
　　三、应急通信应对突发事件和重要保电场景的适用性 ····················· 24
　第四节　电力应急指挥通信方案和运行控制应急通信方案 ················· 25
　　一、电力应急指挥应急通信方案 ··· 25

二、电力运行控制应急通信方案 ·· 27

第五节　重要保电应急通信方案 ·· 30

一、重要保电应急通信方案基本要求 ·································· 30

二、重要保电应急通信方案设备配置要求 ···························· 30

复习思考题 ·· 30

第三章　电力应急通信系统常用技术 ···································· 33

第一节　视频会议 ·· 35

一、视频会议技术 ·· 35

二、视频会议系统应用模式 ·· 36

三、视频会议系统组成及功能 ·· 38

四、视频会议系统关键技术 ·· 40

第二节　VSAT卫星通信技术 ·· 41

一、卫星通信基本概念 ·· 41

二、VSAT卫星通信技术 ·· 42

三、电力应急卫星通信技术体制 ······································ 44

第三节　集群通信技术 ·· 45

一、集群通信技术概念 ·· 45

二、集群技术的组成及功能 ·· 45

第四节　中国集群技术标准 ·· 46

一、具有中国自主知识产权的开放式集群架构（GOTA） ················· 47

二、具有自主知识产权的基于时分多址的专业数字集群技术（华为GT800） ·· 48

第五节　短波通信技术 ·· 49

一、短波通信技术概念 ·· 49

二、短波通信系统组成及功能特点 ···································· 50

第六节　无线自组网技术 ·· 51

一、无线自组网技术的作用和特点 ···································· 51

二、无线自组网分类 ·· 52

三、无线自组网关键技术 ·· 52

第七节　无人机应急通信技术 ·· 55

一、无人机 ·· 55

二、无人机关键技术和发展现状 ······································ 56

三、旋翼式无人机 ·· 59

四、系留式无人机 ·· 61

复习思考题 ·· 62

第四章　电力应急通信技术标准及要求 ·································· 63

第一节　电力应急指挥中心建设规范 ···································· 65

一、电力应急通信指挥系统总体规划建设要求 ………………………… 65

二、基础支撑系统 ……………………………………………………… 65

三、应用系统 …………………………………………………………… 71

四、国家电网公司系统应急指挥中心整体联动 ……………………… 72

第二节　机动应急通信系统技术要求 ………………………………… 73

一、总体技术原则 ……………………………………………………… 73

二、卫星通信子系统 …………………………………………………… 74

三、应急通信车辆子系统 ……………………………………………… 78

四、通信通道子系统 …………………………………………………… 79

五、音视频业务子系统 ………………………………………………… 80

六、辅助支撑子系统 …………………………………………………… 81

第三节　网络及信息系统安全管理办法 ……………………………… 82

一、网络及信息系统安全管理基本要求 ……………………………… 82

二、网络及信息系统运行安全管理 …………………………………… 82

三、网络及信息系统安全技术管理 …………………………………… 83

复习思考题 ……………………………………………………………… 84

第五章　电力应急通信典型应用 ……………………………………… 87

第一节　电力应急视频会议系统 ……………………………………… 89

一、电力应急视频会议系统概况 ……………………………………… 89

二、技术方案 …………………………………………………………… 89

第二节　电力机动应急通信系统 ……………………………………… 93

一、建设思路 …………………………………………………………… 93

二、系统组成及功能 …………………………………………………… 94

三、技术方案 …………………………………………………………… 95

四、系统操作与应用 …………………………………………………… 99

第三节　应急指挥智能调度系统 ……………………………………… 111

一、系统概述 …………………………………………………………… 111

二、系统功能 …………………………………………………………… 113

第四节　双向无线组网系统 …………………………………………… 121

一、双向无线组网系统的用途和特点 ………………………………… 121

二、双向无线组网设备操作 …………………………………………… 123

三、双向无线组网系统基本操作 ……………………………………… 125

四、电台加密配置 ……………………………………………………… 137

五、电台漫游配置 ……………………………………………………… 138

第五节　电力无人机应急通信系统 …………………………………… 140

一、拍摄应用 …………………………………………………………… 140

二、广播应用 …………………………………………………………… 149

三、应急通信应用 ·· 151

第六节　特定环境下的应急通信系统 ·· 159

一、危化品等事故场景下的应急处置通信保障 ························ 159

二、电缆隧道应急处置通信保障 ·· 161

三、复杂环境下消防应急通信指挥解决方案 ···························· 167

四、广域范围下满足电力应急处置的通信保障应用模式 ·········· 169

复习思考题 ··· 172

第六章　电力应急通信系统典型故障和设备维护保养 ·············· 175

第一节　应急视频会议系统典型故障 ·· 177

一、音频类故障 ··· 177

二、视频类故障 ··· 178

三、网络及通道类故障 ··· 180

四、中控及其他类故障 ··· 181

第二节　机动应急通信系统常见故障 ·· 181

一、卫星网管系统常见故障 ··· 181

二、卫星天线常见故障 ··· 182

三、业务应用系统通信中断故障 ··· 184

四、应急通信车常见故障 ·· 184

第三节　其他应急通信系统常见故障 ·· 186

一、应急指挥平台常见故障 ··· 186

二、对讲机系统常见故障 ·· 186

三、防爆对讲机常见故障 ·· 186

四、集群站常见故障 ·· 187

五、电缆隧道内人员检测定位系统常见故障 ···························· 187

六、电缆隧道内人员通信系统常见故障 ··································· 187

七、自组网络常见故障 ··· 188

第四节　常见通信设备维护和保养 ··· 188

一、智能手机终端维护和保养 ··· 188

二、电力应急手台维护和保养 ··· 190

三、卫星通信车维护和保养 ··· 191

四、应急通信方舱维护和保养 ··· 193

五、海事卫星电话维护和保养 ··· 196

六、海事卫星便携 BGAN-E700 维护和保养 ···························· 197

七、隧道通信保障单元维护和保养 ··· 198

八、自组网维护和保养 ··· 199

复习思考题 ··· 200

附录 ··· 201

    附录1 国家电网公司应急工作管理规定 ······························ 203

    附录2 国家电网公司应急预案管理办法 ······························ 212

    附录3 国家电网公司机动应急通信系统管理细则 ················ 216

参考文献 ·· 232

第一章

应 急 通 信 概 述

第一节 通信与应急通信

一、通信的概念

通信指信息的传输与交换。

通信系统作为一个实际系统，是为了满足社会与个人的信息传输与交换需求而产生的，目的就是传送和交换信息（数据、语音和图像等）。随着通信技术的发展，特别是近30年来的发展，通信原理的主要理论体系已经形成，包括信息论基础、编码理论、调制与解调理论、同步和信道复用等相关理论知识，其宗旨主要就是解决数据的收发以及传输，具体功能如下：

（1）信源编码。其作用是减少码元数目、降低码元速率以及模拟信号的数字化。

（2）数字调制。模拟信号转化成数字信号，称之为数字基带信号。大多数情况下，数字基带信号并不适合在信道中传输，这时就需要进行数字调制，如 ASK、FSK、PSK 等，以适应信道的传输。

（3）模拟调制。如果在数字系统中传输时，就不需要进行模拟调制；如果在模拟系统中传输时，就需要进行模拟调制，如 AM、FM、PM 等。

（4）信道编码。信道编码是为了使数字信息在信道传输时能够具有更好的抗干扰能力。

（5）模拟解调。解调出数字调制信号。

（6）数字解调。也就是译码。这个过程比较复杂，需要进行载波同步和位同步，以及抽样判决。

二、应急通信的定义和特点

（一）应急通信的定义

应急通信是指为应对自然或人为突发性紧急情况，综合利用各种通信资源，为保障紧急救援和必要通信而提供的一种暂时的、快速响应的特殊通信机制。

应急通信系统则是能够满足这种特殊机制需求的专用通信系统。为应对公共安全和公共卫生事件、大型集会活动、救助自然灾害、抵御敌对势力攻击、预防恐怖袭击和其他众多突发情况而构建的专用通信系统，均可以纳入应急通信系统的范畴。

（二）应急通信的重要性

近年来，世界范围内自然灾害和突发事件频发，使得应急通信、应急救援得到更为广泛的关注。面对突如其来的自然灾害或应急事件，最为迫切的要求是恢复最低标准的通信，用于建立应急处置现场与外界的沟通联络，指挥、协调应急救援分队，快速开展抢险救灾。通常，严重的自然灾害或重大人为责任事件发生后，基于公网资源的固定基础设施通信系统和网络以及供电系统可能遭受严重破坏，甚至完全无法使用。在这种情况下，要建立通信保障，必须考虑其应急需求的特殊性，即时间的突发性、地点的不确定性以及容量的不可预期性等；同时，还必须保证应急通信系统在复杂条件下的生存能力和便于灵活地组织应用。因此，应急通信与一般通信系统相比，会涉及更广泛的研究领域和职能部门，通过合理组织、运用各种通信技术和手段，在应急通信框架内互为补充，提升灾害恢复能力和救援效果。

应急通信是应急体系的重要组成部分，是应急抢险救灾关键基础设施之一，在应急管理中发挥着越来越重要的作用。应急通信可以为各类紧急情况提供及时有效的技术保障，直接决定了应急响应的效率。

（三）应急通信的要求

为应对突发性公共事件，应急通信的基本要求是建立健全应急通信和应急广播电视保障工作体系，完善公用通信网，建立有线和无线相结合、基础电信网络与机动通信系统相配套的应急通信系统，确保通信畅通。

（四）应急通信的特点

由于突发事件本身的不确定性，因此应急通信不同于常规通信。应急通信场景众多、环境复杂多变，具有时间突发性、地点不确定性、通信设施受损程度的随机性、地理环境的复杂性、通信容量需求的不可预测性、通信保障的业务多样化、现场应用的高度自主性等显著特点。

1. 时间的不确定性

事件发生的突发性带来应急通信时间的不确定性。

对自然灾害和公共事件进行预测是比较困难的，因此大多数紧急事件的发生具有时间不确定性，从而造成应急通信也具有时间不确定性，使人们无法预知什么时候需要应急通信，例如汶川"5·12"大地震和纽约"9·11"恐怖袭击事件的发生时间就具有明显的突发性。少数情况下，人们虽然可以预知需要应急通信的大致时间，但是却没有充分做好应急通信的时间。只有像重要节假日、重要赛事、重要会议和军事演习等有预先商定的时间，才能有充裕的时间做好保证通信的安排和部署。

2. 地点不确定性和地理环境的复杂性

大多数情况下，突发事件发生的地点具有不确定性，人们无法预知地震、大型火灾和水灾、瘟疫及一些恐怖活动的发生地点。从某种意义上说，任何一个地方均有可能发生突发事件，而地点的不确定性带来的问题是地形地貌的复杂多变和区域地理特征的明显差别，这对于通信保障要求均有不同。应急通信设备可能通过车辆、人力、畜力等方式进入自然灾害现场，因此需要对设备的体积、质量、结构等参数有严格的要求；同时，自然灾害所在的区域环境可能非常严酷，所以通信设备也要考虑能满足在严酷的环境下通信；另外，自然灾害现场还要考虑到通信设备的供电问题。只有在少数情况下，可以确定实施应急通信的具体地点，如城市的高话务区域，2008年的北京奥林匹克运动会、2010年的上海世界博览会等，在这种情况下，政府或企业可以提前派驻和组建一些应急通信设备，如移动应急通信指挥车等应对话务高峰。

3. 通信设施受损程度的随机性

在发生破坏性的自然灾害时，如飓风、地震，通信基础设施可能受到损坏而使网络陷入瘫痪。而另外一些突发事件虽然严重，但对通信基础设施的影响很小，如2003年的非典型性肺炎、2020 年新型冠状病毒疫情等公共卫生事件。

4. 通信容量需求的不可预测性

突发事件发生期间，通信容量需求剧增，人们无法预知需要多大的容量才能满足应急通信的需求，局部出现的大量通信流量、话务会造成网络拥塞，并且通信流向往往是汇聚式的，即大量通信业务流向特定的地区，如应急事件处置中心。

5. 通信保障的业务多样化

日常通信中，有数据、语音、图像、视频及多媒体业务等，在突发事件发生时，应该保障哪方面的业务呢？很明显，保障业务越多，设备就越复杂，而在电信基础设施破坏的情况下，构建系统时间越长，对设施突发事件的处理就越不利。在处理紧急事件时，反应时间要快，同时要全面而准确地掌握突发事件的信息，所以需要对传输网络进行合理地折中，利用现场一切可利用的传输网，建立信息孤岛与外界的通信链路，保证通信畅通，满足语音、数据和视频、图像等都能实时传输。

6. 现场应用的高度自主性

在部分灾害现场，很多通信是发生在灾害现场的封闭区内的，要求应急通信系统能够自成体系，不仅能提供与外界的联系，还能保障现场通信需求。

三、应急通信的技术体系

(一) 应急通信涉及的技术领域和业务类型

（1）从技术角度看，应急通信不是一种全新的通信技术，而是综合利用通信传输、数据交换、压缩编码等多种通信技术，在不同场景下，将有线的、无线的，或是数字的、模拟的信号，利用一定的规则加以组合与应用，共同满足应急通信的需求。

（2）从业务类型看，应急通信所涉及的业务类型包括语音、传真、短消息、数据、图像、视频等。

（3）从网络类型看，应急通信的网络涉及固定通信网、移动通信网、互联网等公用电信网，以及卫星通信网、集群通信网等专用网络，无线传感器网络、宽带无线接入等末端网络。

(二) 应急通信的网络和设备需求

应急通信是为各类个人紧急情况或公众紧急情况而提供的特色通信机制，不同紧急情况对应急通信有不同的需求，为了达到不同的目标，所采取的应急通信技术手段、管理措施也不相同。当应急呼叫被接收后，分属不同部门的移动设备和人员被送往应急区域，救援人员立即寻找需要救助的人员，同时，救援人员必须为保证各种任务而建立通信链路，如满足相应职能部门数据传输需求，从医院数据库中调取受伤人员的相关医疗资料等。此外，应急区域附近不同部门救援分队之间通过通信信道建立合作机制，有利于应急行动的相互协调，因此希望应急通信系统能够根据不同的需求和性能目标进行广泛而有效的集成应用。

应急通信的网络和设备需求主要包括以下几个方面。

1. 组网灵活

可根据应急通信的范围大小，迅速、灵活地部署设备、构建网络。

2. 快速布设

无论是基于公网的应急通信系统，还是基于专用的应急通信系统，都应该具有能够快速布设的特点。在发生可预测的事件时，如大型集会、重要节假日景点活动等，通信量激增，基于公网的应急通信设备应该能够按需迅速布设到指定区域。在破坏性的自然灾害面前，留给国家和政府的反应时间会更短，这时应急通信系统的布设周期会显得更加关键。

3. 小型化

应急通信设备需要具有小型化的特点，并能够适应复杂的物理环境。在地震、洪水、冰雪灾害等破坏性的自然灾害面前，基础设施部分或全部受损的危难情况下，便携式的小型化应急通信设备可以迅速运输、快速布设，可以快速建立和恢复通信。

4. 节能性

由于通信对电力有很强的依赖性，某些应急场合电力供应不健全甚至完全没有供电，完全依靠电池供电会带来诸多问题。因此，应急通信系统通常需要自备电源，即使如此，应急通信系统也要尽可能地节省电能，降低功耗，保证系统长时间、稳定地工作。

5. 简单易操作

应急通信系统要求设备结构简单，易操作、易维护，且能够快速地建立、部署、组网；要求应急通信系统操作界面友好直观，硬件系统连接端口越少越好；要求所有接口标准化、模块化，并能兼容现有的各种通信系统。

6. 具有良好的服务质量保障

应急通信系统应具有良好的传输性能和语音视频质量，并且网络响应迅速，可快速建立通话，能针对应急所产生的突发大话务量做出快速响应，保证语音畅通和应急短消息的及时传播。

（三）应急通信的服务需求

1. 视频传输

为了应急响应行动，应急响应人员通常需要分发重要信息，这时可能需要实时将视频传输至指挥控制中心。如将火灾现场视频传输到消防部门指挥中心或是附近分布的消防员；电力抢修时把抢修现场情况实时回传到电力调度中心。

2. 音频/语音

过去十几年间，在两个同等用户之间已建立稳固的语音服务应用，以支持公共安全操作，陆地移动无线电提供半双工操作，需要用户按键说话。同时，公共安全通信体系正努力实现全双工公共安全语音传输服务。

3. 按键通话

按键通话是一种允许两个用户之间通过半双工方式进行通信的技术，也就是常见的无线数字集群对讲系统。通过按键，控制语音接收和发送模式的转换，按键通话工作于"步谈"模式，具有瞬时链接、成本低等特点和优势。

4. 实时文本信息

应急状态下，对于警示信息分发，文本信息是一种有效快捷的解决方案。如个人向警察报告可疑的人或行动；受灾人员与其亲属之间的沟通；政府部门向公众发布可能的灾害信息（如飓风、火灾、水灾）等。

5. 定位和状态信息

在应急事件中，定位和状态信息是非常重要的，受灾人员的位置能够引导救援人员提供即时的医疗救助。定位信息可以通过使用多项技术获取。4G 网络能够提供比 3G 网络更为精确的定位信息，原因在于 3G 网络仅使用全球定位系统（Global Positioning System，GPS）技术，其精度有限。通过诸如射频识别（Radio Frequency Identification，RFID）标签等手段，能够为受伤人员、设备及医护人员提供必要的定位信息，从而增强救援效能。全球定位系统技术为室外环境提供定位信息，而射频识别标签和基于 Wi-Fi 的定位系统可应用于室内环境。

第二节　应急通信的发展历程

一、通信技术与应急通信技术的发展

通信技术经历了从模拟到数字、从电路交换到分组交换的发展历程，而从固定通信的出现，到移动通信的普及，以及移动通信自身从 2G 到 3G、4G 甚至 5G 的快速发展，直至步入到无处不在的信息通信时代，都充分证明了通信技术突飞猛进的发展。如今的通信技术已经从人与人之间的通信发展到物与物之间的通信。常规通信的发展使应急通信技术也取得了巨大的进步，应急通信作为通信技术在紧急情况下的特殊应用也在不断发展，应急通信技术手段也在不断进步。出现紧急情况时，从远古时代的烽火狼烟、飞鸽传书，到近代电报、电话、微波通信的使用，步入信息时代后，应急通信手段更加先进，可以使用传感器实现自动监测和预警，使用视频通信传递现场图像，使用地理信息系统（Geographic Information System，GIS）实现准确定位，使用互联网和公用电信网实现告警和安抚，使用卫星通信实现应急指挥调度。针对各种不同的紧急情况，会应用不同的通信技术。

应急通信技术的发展是以通信技术自身的发展为基础和前提的。常规通信发展得很快，但由于大部分应急通信系统网络规模小、用户数量小、使用频度低，再加上应急通信的公益性，其投入并不能直接产生经济效益，因此应急通信技术手段相对落后，整体水平滞后于常规通信。

二、国外应急通信发展概况

（一）美国应急管理及技术发展概况

1. 美国应急管理发展进程

美国作为西方发达国家的代表，其应急管理和应急管理支持技术的研究和实践自第二次世界大战后开始起步，处于一事一议的处理阶段。随着战后经济的恢复和发展，灾难和事故频频发生，一事一议的处理方式凸显事故救灾的不连续和效率低下等问题。1950 年，美国国会制定了联邦救灾计划（Federal Disaster Relief Program），从而使得应急救灾工作能够连贯有序地开展。由于 1950 年的联邦救灾计划仅仅是授权联邦政府协助州政府的应急救灾，因此在具体实践中，自然灾害的应急救援和灾后实际重建工作所需的应急能力往往超出地方州政府的能力范围。1966 年美国国会通过了《灾难救助法案》（Disaster Relief Act），进一步拓展了联邦政府在灾后恢复重建等方面的救灾职责和权限。1979 年，美国总统吉米·卡特组建美国应急管理署（Federal Emergency Management Agency，FEMA），原来由总统和其他联邦部门承担的突发事件应急管理职责统一由应急管理署负责，其中包括国防部的国内防卫职责、住房和城市发展部的联邦灾害救助职责、公共服务监管机构的应急准备职责、科学和政策办公室的地震减灾职责等（总统令 12148 号），几乎所有自然灾害和人为灾难的应急准备、灾难减缓、应急响应和恢复重建等职责都归应急管理署负责。

为了对一般灾害的应急响应进行更有效的授权，美国国会开展了复杂的相关研究，梳理了各种救灾计划，并于 1988 年通过了斯坦福减灾与应急救援法案（Robert T. Stafford Disaster Relief and Emergency Assistance Act of 1988），该法案至今仍是美国应急管理署的职权依据。

2001 年 9 月 11 日，位于纽约曼哈顿的世界贸易中心双子楼突发了令人震惊的恐怖袭击事件。2002 年 9 月 25 日，美国国会通过了国土安全法案（The Homeland Security Act of 2002），成立了国土安全部，并将应急管理署合并到美国国土安全部。

针对联邦政府在应对卡特里娜飓风（Hurricane Katrina）灾害工作中的不足，2006 年 10 月 4 日，美国国会通过了卡特里娜灾后应急管理改革法案（Post-Katrina Emergency Management Reform Act of 2006），把应急准备职责提升至联邦政府级别。

近年来，美国应急管理发展迅速，应急立法活跃，除了关心受灾人员安全外，美国应急管理对象还涉及动物安全和救灾人员安全，比如，国会已经通过的宠物撤退和运输标准法案（Pets Evacuation and Transportation Standards Act）和正在推进的救灾预备役军人的健康保险立法等。

2. 美国应急技术支撑平台

为了更好地开展应急管理工作，美国应急管理署（FEMA-Federal Emergency Management Agency）围绕减灾、应急准备、应急反应和灾后恢复重建等工作，大力推进应急管理技术支撑的研究与建设。FEMA 所从事业务的特殊性要求 FEMA 必须采用最快、最准确和最可靠的信息系统基础结构。1998 年 11 月，FEMA 公布了 IT 架构 1.0 版，其主要建议包括高性能和高可用性的交换骨干网、通过现代压缩技术和带宽共享提高网络效率、集成语音视频和数据通信服务、均衡使用公共交换网和 VPN。2001 年，FEMA 在美国 IT 管理改革法、美国预算管理办公室（OMB）备忘录 M-97-16、OMB 通知 A-130 的指导下，又重新制订了 FEMA IT 架构 2.0 版。在 FEMA 的 2.0 版本架构原则（Architecture Principles）中，"硬"的 CIO/IRB 组织架构加上"软"的原则，构成了一个既符合国家法案，又详尽、可操作的 IT 建设的强大保障体系，并提出了实现 e-FEMA 的远景目标。目前，FEMA 把所有电子存取和传送的服务统称为 e-FEMA，为实现 e-Government，各个联邦机构提出了适合自己的架构和途径。e-FEMA 就是 FEMA 提出的为实现其使命和业务目标而采纳的路线图。我们从中可以看出 FEMA "e 化"的几个主要因素：一是 CIO 制度；二是它的 IT 架构和战略；三是一批应用项目，包括经过十几年建设中积累起来的一些全国性项目；四是现有的网络和通信基础设施。当前，FEMA 应急信息支持系统已经发展为国家灾害事件管理系统（National Incident Management System），其中包括指挥系统、预测预警系统、资源管理系统、演练培训系统等。

国家灾害事件管理系统在美国应急体系中起着关键作用，通过集群无线网、卫星通信等设施收集信息并加以分析观察，以起到预防在先，提前准备的作用。由于其警察、消防等部门都有各自的通信系统，自成体系，频率、媒介各不相同，在调度指挥时需要连接互通，而网间的连接设备，沟通了各系统之间的通信联系，使各种通信网的利用率提高，联系高效，指挥灵活，保证了在紧急状态下应急指挥调度的效率。

应急运行调度中心通信指挥车的设备很完善，具有车载的自用无线集群系统、车载的办公系统、可与 internet 连接的双套的卫星系统。在应急指挥时，可以将平时各自独立使用的无线网如警察、消防及其他各系统互相连接，互相选叫，提高指挥的效率。

（二）日本应急管理及技术发展概况

日本是一个经济发达国家，也是一个自然灾害多发的国家，一直以来比较注重灾害管理研究和应急管理体制、机制和技术等方面的建设，其发展历史可以追溯到 20 世纪 50 年代（第二次世界大战后）。20 世纪 50 年代，日本就制定了《灾害救助法案》《消防组织法》等灾害管理法律，建立了以单项灾种管理为主的防灾救灾体制。20 世纪 60 年代初，日本开始重视防灾救灾的综合管理，制定了《灾害应对基本法》，对地震、火山、台风等灾害实行全面预防和综合应对的管理体制。1995 年阪神大地震后，针对重大灾害应对能力不足的现实，日本开始进行应急管理体制改革，把防灾救灾工作的最高决策机构"中央防灾会议"，由附设在国土厅升格为内阁官房（中央政府办公厅）来负责全面的防灾工作。

日本重视灾害和突发公共事件应急管理的技术支撑建设，逐步建立起了完善的应急信息化基础设施。

1. 防灾通信网络

在突发公共事件应急信息化发展方面，日本政府从应急信息化基础设施抓起，建立起覆盖全国、功能完善、技术先进的防灾通信网络。为了准确迅速地收集、处理、分析、传递有关灾害信息，更有效地实施灾害预防、灾害应急以及灾后重建，防灾信息化建设在应急过程中显示出极端的重要性。日本政府于 1996 年 5 月 11 日正式设立内阁信息中心，24h 全天候负责迅速搜集、传达和编制灾害相关的信息，并把防灾通信网络的建设作为一项重要任务。

现今日本政府基本建立起了发达、完善的防灾通信网络体系，该体系包括以下内容：

（1）以政府各职能部门为主，由固定通信线路（包括影像传输线路）、卫星通信线路和移动通信线路组成的中央防灾无线网。

（2）以全国消防机构为主的消防防灾无线网。

（3）以自治体防灾机构和当地居民为主的都道县府、市町村的防灾行政无线网。

（4）在应急过程中实现互联互通的防灾相互通信用无线网等。

（5）此外，还建立起各种专业类型的通信网，包括水防通信网、紧急联络通信网、警用通信网、防卫用通信网、海上保安用通信网以及气象用通信网等。

2. 现代信息通信技术的应用

信息通信技术在突发公共事件应急中的应用，日本走在了国际的前列，主要包括使用移动通信技术的应用、无线射频识别技术的应用、临时无线基站的应用、网络技术的应用等。

（1）移动通信技术的应用。日本是世界移动通信应用大国，手机普及率非常高。日本SGI等公司开发出一种在自然灾害发生后确认人身安全的系统，中央和地方救灾总部通过网络向手机的主人发送确认是否安全的电子邮件，手机主人根据提问用手机邮件回复。这样，在救灾总部的信息终端上就会显示每一个受访者的位置和基本的状况，对做好灾害紧急救助工作十分有帮助。

（2）无线射频识别技术的应用。无线射频识别技术在日本的应用已较为广泛，在防灾救灾中的应用也较为成熟。例如，如果有人被埋在废墟堆里不能动弹或呼救的话，内置无线射频识别标签的手机会告诉搜救人员被埋者所处的具体位置，使搜救者能以最快的速度展开营救。此外，无线射频识别标签还可以实现人和物、人和场所的对话。在救援物资上贴上这种标签，就可以把握救援物资的数量，根据每个避难所的人数发放物资，尽可能地做到合理分配。还有一个重要的应用是，当无法辨认伤员或死者的身份时，可以通过其身上携带的无线射频识别标签获得相关信息，以准确地判别其身份。这项应用在重大灾害应对处理时起着重要的作用。

（3）临时无线基站的应用。当出现强烈地震、海啸等严重自然灾害时，无线基站很容易遭到破坏，从而使移动通信系统处于瘫痪状态。为了在紧急状态下仍能发挥移动通信的作用，日本的相关公司开发出了可由摩托车运载，能充当临时无线基站的无线通信装置，解决移动通信的信号传输问题。这种基站可以接收受害者的手机信号，确认他们的安全情况，并把相关情况通过这一装置传递给急救车上的救护人员。这种装置用充电电池可以连续工作4h，电波传输范围直径可达1km，基本能满足现场通信的迫切需要。

（4）网络技术的应用。在地震发生前迅速作出预报，对采取有效应对措施意义十分重大。日本气象厅已开始利用网络技术实现紧急地震迅速预报，以减轻受灾程度。通过这一技术的应用，在地震发生前的30s内，离震源较远的地方可提前采取对策，从而可以有效减轻由地震造成的损失。与此同时，网络技术在建筑物减震方面也开始一显身手。日本大成建设公司正尝试应用网络技术最大限度地减少地震给建筑物造成的损坏。另外，应用网络技术的救助机器人也已在各种灾害救助中发挥越来越重要的作用。今后，能够接受救灾总部指挥，能与救助者进行通信联络的新型机器人，将会在地面、空中和室内的救灾中发挥越来越重要的作用。

（三）欧盟应急管理及技术发展概况

1. 欧盟互助基金

随着欧洲一体化进程的逐步深化，欧盟逐步整合各国力量和资源，对灾难和突发应急事件进行及时响应。2002年，欧盟成立欧洲联盟互助基金，以欧盟规章的形式规定了互助基金体制和运作机制，并确定与欧盟执委会、欧盟议会、欧盟经济和社会委员会、区域（各国）委员会共同承诺的义务以及各方的责任，标志欧盟应急统一协调机制的形成。欧盟互助基金在发生重大灾害事件时使用，它区别于其他的社会基金，能够帮助人们在社会灾难发生时快速高效地采取行动，在紧急服务动员时，可以满足人们的迫切需要，有助于关键受损基础设施短期内恢复重建，使受灾地区生活紧急恢复。可以用于一个或多个地区、一个或多个国家境内发生的重大自然灾害。

2. 欧盟应急管理技术支撑系统

欧盟应急管理技术支撑系统为 e-Risk 系统，该系统于 2000 年建成。e-Risk 系统是一个基于卫星通信的网络基础架构，为其成员国实现跨国、跨专业、跨警种、高效及时处理突发公共事件和自然灾害提供支持服务。在重大事故发生后，救援人员经常碰到通信系统被破坏、信道严重堵塞等情况，导致救援人员无法与指挥中心和专家小组及时联系。基于这种情况，e-Risk 利用卫星通信和多种通信手段来支持突发公共事件的管理。考虑到救灾和处理突发紧急事件必须分秒必争，救援单位利用伽利略卫星定位技术，结合地面指挥调度系统和地理信息系统，对事故现场进行精确定位，在最短的时间内到达事发现场，开展救援和处置工作。而多种通信手段的利用则体现在应急管理通信系统集成了有线语音系统、无线语音系统、宽带卫星系统、数据网络系统、视频系统等多个系统，配合应急管理和处置调度软件，使指挥中心、相关联动单位、专家小组和现场救援人员可快速取得联系，并在短时间内解决问题。

3. 欧盟 e-Risk 系统的应用

欧盟 e-Risk 系统在应急管理应用中包括突发事件发生前、发生中、发生后三个方面。

（1）在事故发生前，系统通过搜集和处理影像资料、图片、地理信息等，开展风险预防。

（2）在突发事件发生时，通过收集和发布来自现场的资料、图片等，在救援小组、专家小组和指挥中心之间建立起语音、图像、数据的同步链路，通过各部门的协同作战，开展现场救援。

（3）在救援工作结束后，对突发事件的发生和处置进行分析和交流，并对有关数据库进行更新，制订新一轮的预案。

三、我国应急通信的发展概况

（一）我国应急管理的法律体系

我国地域辽阔、人口众多，自然灾害频发，突发事件形式多样，为有效开展应急管理和救援，颁布了一系列法律、法规，应急管理的法律体系正逐步走向完善。

（1）2005 年 4 月 17 日国务院以国发〔2005〕第 11 号文出台了《国务院关于实施国家突发公共事件总体应急预案的决定》，明确了突发性公共事件是指突然发生，造成或者可能造成重大人员伤亡、财产损失、生态环境破坏和严重社会危害，危及公共安全的紧急事件，是全国应急预案体系的总纲。明确了国务院是突发公共事件应急管理工作的最高行政领导机构，并设国务院应急管理办公室为其办事机构，进一步强化了建设城市应急综合信息系统的迫切性要求。从此，我国的城市应急平台的建设进入实质阶段。

（2）2006 年国务院发布了《国家突发公共事件总体应急预案》，国务院和各省分别成立国家和省政府应急管理办公室，部分市也已建立了地方应急管理常设机构。2006 年 6 月15 日出台的《国务院关于全面加强应急管理工作的意见》把推进国家应急平台体系建设列为加强应对突发公共事件的能力建设的首要工作，明确指出：加快国务院应急平台建设，完善有关专业应急平台功能，推进地方人民政府综合应急平台建设，形成连接各地区和各专业应急指挥机构、统一高效的应急平台体系。应急平台建设成为应急管理的一项重要基础性工作。

（3）2011年12月31日国务院办公厅修订发布《国家通信保障应急预案》，明确了应急通信任务是通信保障或通信恢复工作，应急通信主要服务对象是特大通信事故、特别重大自然灾害、事故灾难、突发公共卫生事件、突发社会安全事件及党中央国务院交办的重要通信保障任务。该预案明确了原信息产业部设立国家通信保障应急领导小组，下设国家通信保障应急工作办公室，由国家通信保障应急工作办公室负责组织、协调相关省（自治区、直辖市）通信管理局和基础电信运营企业通信保障应急管理机构，进行重大突发事件的通信保障和通信恢复应急工作。

（二）我国的公共安全及应急联动综合信息系统

我国1999年曾提出在中国的城市也要建立类似美国911应急系统的城市应急联动系统。2002年1月，广西南宁市建成了我国第一个应急联动中心，该项目总投资16亿元，为覆盖南宁市辖区10029km^{2}的公安110、消防119、急救120、交警122、防洪、护林防火、防震、人民防空、公共事业、市长公开电话等领域的社会应急联动指挥、调度系统。建设内容包括接警中心、处警中心、指挥中心、无线通信平台、无线基站、微波传输系统、现场快速部署应急车载通信系统、市长公开电话网络及其他配套设施。

2004年，城市应急联动综合信息系统成为各省市的工作重点，在短短的两三个月内，众多城市都开始上马应急联动，将公安110报警电话扩容成全市各类应急电话的联动中心。

《中华人民共和国突发事件应对法》中的第三十三条指出：国家建立健全应急通信保障体系，完善公用通信网，建立有线与无线相结合、基础电信网络与机动通信系统相配套的应急通信系统，确保突发事件应对工作的通信畅通。

《中华人民共和国电信法（草案征求意见稿）》中的第八十四条指出：电信主管部门应当建立健全应急通信保障体系，建设有线与无线相结合、基础电信网络与机动通信系统相配套的应急通信系统，确保应对突发事件的通信畅通，电信主管部门对应急通信保障工作进行统一部署的协调，必要时可以调用各种公用电信设施和专用电信设施。

《国家突发公共事件总体应急预案》中的4.9条指出：建立健全应急通信、应急广播电视保障体系，完善公用通信网，建立有线和无线相结合、基础电信网络与机动通信系统相配套的应急通信系统，确保通信畅通。

（三）我国应急通信的建设和发展

我国应急通信系统建设工作自20世纪90年代以来得到了较快的发展，并在卫星通信系统、基于公共电信网的应急通信设施、集群通信系统和部分专用通信系统等方面取得了一定的进展。

（1）目前乃至今后一个时期，我国正在和即将建设以国务院应急平台为核心的，覆盖全国31个省、自治区、直辖市，5个计划单列市和新疆生产建设兵团，以及国家各个职能部委的国家应急平台体系，从而形成对全国范围内重大突发公共事件的预防预警、快速响应、全方位监测监控、准确预测、快速预警和高效处置的运行机制与能力。我国第一个城市应急联动系统南宁市城市应急联动系统已于2002年1月开始运行，2002年5月向辖区市民提供报警求助及处置突发公共事件的服务。已建城市应急联动系统的还有北京、上海、天津、重庆、深圳、潍坊等城市，正在建设中的有南京、广州、杭州、济南、成都、西安、扬州等城市。据有关部门分析，我国有望在 15 年内建成一个全国性的城市应急联动系统。

（2）国务院各部委和直属单位都建立了应急通信设施。我国政府各部委和直属单位根据其单位职能和特点都建立了应急通信设施，其中中华人民共和国工业和信息化部、中华人民共和国公安部、中华人民共和国民政部、中华人民共和国水利部、中华人民共和国交通运输部、中华人民共和国卫生部、国家广播电影电视总局、中国气象局、中国地震局、国家安全生产监督管理总局、中国民用航空局、新华通讯社、国家电网公司、国家铁道总公司等各自依据其业务特点都建立了技术较先进、功能较完备的应急通信设施。

（3）我国各基础电信运营商都加强了应急通信设施。我国现有三大基础电信运营商中国移动通信集团公司（简称中国移动）、中国电信集团有限公司（简称中国电信）、中国联合网络通信集团有限公司（简称中国联通）各自依据其特点建立了应急通信设施。特别是在经历 2008 年汶川大地震后，都很重视卫星通信在应急通信中的地位和作用，如中国移动在全国范围内正在建设 1503 个含有卫星通信线路的超级基站。目前，中国电信有 7 个国家级的大区机动局、14 个省级的机动局，中国联通有 5 个机动局，应急通信设备覆盖全国 31 个省、直辖市、自治区，主要装备包括卫星、交换、传输、短波、移动、应急、通信设备等 9 大类，共有 30 余种。

（4）我国卫星运营商拥有丰富的卫星资源，可提供应急通信应用。中国卫星通信集团公司和亚洲卫星公司现共有 11 颗在轨运行的 C 和 Ku 频段卫星，这些卫星除了平时提供商业服务外，一旦应急通信需要，可以快速地调配转发器带宽提供应急通信使用。其中，卫通公司还承担并完成了潍坊市城市应急联动与社会综合服务系统示范工程的建设和开通运行任务。

（5）国外卫星移动通信系统在我国应急通信中得到充分利用。现为我国提供卫星移动通信业务的有国际海事卫星系统和全球星卫星通信系统。在中国地区的业务，前者由北京船舶通信导航公司经营管理，后者由中宇卫星移动通信有限责任公司经营管理。此外，卫星系统也可临时提供手持电话业务。因我国尚无自建的卫星移动通信系统，现在国内应急通信系统配置的以及在汶川、玉树大地震中使用的便携式和手持式卫星电话用户终端都是属于上述 3 个系统的设施。

（6）国外通信设备厂商对我国甚小无线地球站（Very Small Aperture Terminal, VSAT）应急卫星通信系统的建设起到了重要作用。由于设备的技术性能差距，我国用于应急通信的 VAST 卫星通信设备目前主要还是引进国外厂商的设备，这些厂商主要有美国的卫讯公司、康泰易达公司和休斯网络系统公司，加拿大的波拉赛特通信公司，以色列的吉来特卫星通信公司，德国的诺达卫星通信公司等。

（7）全国报灾应急通信能力快速提升。据 2010 年 1 月全国救灾减灾工作会议报道，我国 100% 的省和 98% 的地市、92% 的县已实现了网络化报灾，全国 92% 的县建立了灾害信息员制度，灾害信息员总数达 54 万名。

（8）与应急通信密切相关的国家级科研项目取得成效。据不完全统计，与应急通信密切相关的科研项目有国务院应急办组织实施的"十一五"国家科技支撑计划重大项目——国家应急平台体系关键技术研究与应用示范工程项目,其中分为 10 个子项目;中华人民共和国工业和信息化部电子信息产业发展基金支持的城市应急联动与社会综合服务系统工程项目,其中分为 3 个子项目。这些研究项目都已取得重要成果,为我国各单位应急平台和应急联动通信建设起到了示范作用。

(9)总体来说,由于我国应急通信系统建设起步较晚,目前现有的应急通信设施还需进一步完善,应急通信系统的能力还需进一步提高。我国虽然建设了部分具有自主产权的实用卫星通信系统,但这些系统还主要以广播通信类卫星为主,直接提供语音/视频通信的卫星系统还较少,在应对重大灾害或突发事件情况下,国外卫星通信设备还占据主流。此外,虽然我国各部门、各级政府纷纷建立了应急通信保障队伍和设施,但这些系统的功能还相对单一,科技含量也不是很高,其规模和能力还有待进一步加强。

复 习 思 考 题

1. 什么是通信?什么是通信系统?通信原理的主要理论体系和功能是什么?

2. 什么是应急通信?对应急通信的要求是什么?为什么说应急通信是应急体系的重要组成部分?

3. 什么是应急管理中的通信支撑?应急通信有哪些特点?

4. 应急通信涉及的技术领域和业务类型有哪些?

5. 应急通信的网络和设备需求主要有哪些方面?应急通信的服务需求主要有哪些方面?

6. 什么是应急通信保障?应急通信保障与通信系统应急保障的关系是什么?

7. 国际电信联盟对应急通信的理解是怎样的?

8. 美国及其他国家对应急通信的定义是怎样的?

9. 中国目前对应急通信的理解是怎样的?

10. 你认为我国应急通信发展到哪种程度了?

11. 目前主要应急通信技术有哪些?常见应急通信应用体系有哪些?

12. 通信技术在防灾减灾阶段的应用特点和作用是什么?

13. 通信技术在灾害准备阶段的应用特点和作用是什么?

14. 通信技术在灾害响应阶段的应用特点和作用是什么?

15. 通信技术在灾后恢复中的应用特点和作用是什么?

第二章

电力应急通信概述

第一节　电力应急通信基本概念

一、电力应急通信定义和电力应急通信缩略语

1. 电力应急通信定义

电力应急通信（Electric Power Emergency Communication）是指在电力突发事件、重要保电时，能及时提供应急服务的通信手段与通信资源，以满足电力应急指挥中心（Electric Power Emergency Command Center）进行电力应急指挥（Electric Power Emergency Command）的需要，并确保所有参与电力突发事件、重要保电任务的通信畅通。

（1）电力应急指挥中心是指集中发挥应急指挥作用的机构与场所，一般配置基础设施（含固定通信设施）、信息汇聚、辅助决策、调度指挥、信息发布等子系统。

（2）电力应急指挥是指在电力突发事件、重要保电等情况下，电力企业组织开展的指挥活动。

2. 应急通信缩略语

在电力应急通信中经常要用到的专业缩略语比较多，一般情况下，大家在沟通时都不讲它的英语原文和汉语意思，因此熟记这些缩略语的含义是必要的，见表 2-1-1。

表 2-1-1　　　　　电力应急通信常用缩略语及其含义（以字母表为序）

缩略语	汉 语 含 义	英 语 原 文
ADSS	全介质自承式光缆	All Dielectric Self-Supporting Optical Fiber Cable
AP	访问接入点	Access Point
BGAN	海事卫星移动宽带系统	Broadband Global Area Network
BSS	基本服务集	Basic Service Set
CIF	常用视频标准化格式	Common Intermediate Format
DAMA	按需分配多路寻址	Demand Assigned Multiple Access
FE	快速以太网	Fast Ethernet
GE	吉比特以太网	Gigabit Ethernet
GMDSS	全球海上遇险与安全系统	Global Maritime Distress and Safety System
GPRS	通用分组无线服务	General Packet Radio Service
GPS	全球定位系统	Global Positioning System
IDU	微波室内单元	Indoor Unit
IEC	国际电工委员会	International Electrotechnical Commission
IEEE	电气和电子工程师协会	Institute of Electrical and Electronics Engineers)
IMO	国际海事组织	International Maritime Organization
IP	网络之间互连的协议	Internet Protocol

续表

缩略语	汉 语 含 义	英 语 原 文
IP	进入防护、防护等级	Ingress Protection
LMR	陆地移动无线电	Land Mobile Radio
MF-TDMA	多频时分多址技术	Multi Frequency TDMA
MSTP	多业务传送平台	Multi-Service Transfer Platform
OPGW	光纤复合架空地线	Optical Fiber Composite Overhead Ground wire
OPPC	光纤复合相线	Optical Phase Conductor
PCM	脉冲编码调制	Pulse Code Modulation
PLC	电力线载波	Power Line Carrier
PSTN	公共交换电话网络	Public Switched Telephone Network
SCPC	单路单载波	Single Channel Per Carrier
SDH	同步数字序列	Synchronous Digital Hierarchy
STA	端站	Station
TASE. 2	远程控制应用服务模型第 2 版	Tele-controlled Application Service Element. 2
TDM	时分复用	Time Division Multiplexing
TDMA	时分多址	Time Division Multiple Access
UPS	不间断电源	Uninterrupted Power Supply
VoIP	互联网协议电话	Voice over Internet Protocol
VSAT	小口径天线卫星通信地球站	Very Small Aperture Terminal
WiFi	无线保真通信技术	Wireless Fidelity
WLAN	无线局域网	Wireless LAN

二、电力应急通信方式

1. 电力应急通信方式分类

从第一章应急通信的概念、分类以及采用的技术来看，应急通信是一项综合利用各种通信资源进行应急处置的通信系统的综合体。对电力应急通信来说同样如此，电力应急通信是指在发生电力突发事件或重要保电时，能为电力企业及时提供应急服务的通信手段和通信资源。电力应急通信方式的选择应根据具体应用场景和受灾程度，针对不同的应急业务需求，综合考虑各种应急通信技术的特点与实际可利用资源等条件，来选择合适的通信技术。

从广义上来说，电力应急通信方式根据可利用通信资源分为电力固定通信网通信方式、机动应急通信方式以及公共网络通信资源方式三种。

2. 电力应急通信方式的选择原则

（1）对于电力系统变电站（厂、所）、输配电线路等生产经营场所，宜选用电力固定通信网通信方式，如电力光纤通信网、调度交换网、行政交换网、视频会议网等通信资源。

（2）对于雨雪冰冻、火灾、地震等突发性自然灾害现场，宜选用机动灵活的机动应急通信方式，譬如应急通信车、卫星便携站、卫星电话等。

（3）三大运营商公共网络资源可作为重要补充手段，视应急现场条件而灵活选择。

三、电力应急通信建设背景

近几年来，我国华中、华北、西南、西北等地区陆续出现了中华人民共和国成立以来罕见的持续大范围低温、雨雪、冰冻极端性天气，部分沿海地区频受台风肆虐影响，导致电网输变电设施大面积受损，部分输电线路出现倒塔、断线等灾害，电网安全运行与电力供应受到了严重威胁。与此同时，随输电线路同塔敷设的电力线复合光缆也随即出现了大范围的损坏，通信电路频频中断。"5·12"汶川、"4·14"玉树等地震灾害，又使电网、通信电路出现大面积瘫痪，在抗击灾害、保障电网安全面前，电力通信支撑能力再次经受了严峻的考验。

面对突如其来的自然灾害和出现的各种问题，为适应电网发展的需要和快速提高应对各种突发事件的处置能力，国家电网有限公司（以下可简称"国网公司"）迅速启动了应急体系建设工作，在各网省公司都建设了应急指挥中心，以移动通信车为标志的应急通信系统建设也初具规模，国网系统的应急体系已经形成。2008年冰雪和地震灾害后，国网公司初步建立了以应急指挥中心为支撑、应急通信系统为承载的覆盖网省公司至地市供电公司的应急指挥体系。其中以VSAT卫星通信为通信传输手段的国网机动应急通信系统覆盖了部分网省公司，并以卫星通信车和便携式卫星通信站覆盖全地域的机动范围，初步构筑起国网公司系统的应急通信指挥系统。各地网省公司，如四川公司、山东公司、青海公司等也开始建设自有的省级应急通信系统。

四、电力应急通信系统发展

从狭义角度上讲，电力应急通信系统更多的是为应对各类电力突发性事件和重大活动保电而建设的通信系统，更多的是为了解决应急处置现场和应急指挥中心之间语音、视频指挥调度、信息联络的需要，本着因地制宜的原则，综合利用各种通信资源，达到迅速布设网络、保障重要信息传输、快速有效传递指令的使用要求。因此，从某种意义上来说，可将该系统称为电力应急指挥通信系统。

国家电网公司机动应急通信系统自2008年开始进行规模性建设，之初建设了以国网模式口卫星地面站为中心站的统建系统，下辖9个网省公司车载站。随后，部分省公司陆续建设以本省应急指挥中心为中心站的自建系统，分别配置部分远端车载站或便携站。截至2019年底，国网公司系统已建有各类卫星站192个，在电网应急指挥、重大活动和重要保电过程中发挥了不可替代的重要作用。

为了加强对系统的集约管理，有效解决自建系统存在的技术体制不一致等问题，进一步提高系统资源综合效能，2017年初，国网公司组织编制了《国家电网公司机动应急通信系统整合优化方案》，经全网征集意见后，并将国网机动应急通信系统整合优化项目纳入2018年通信技改项目，并下发了《国网信通部关于印发公司2018年信息通信工作要点的通知》。根据相关工作要求，国网信通公司牵头组织各网省公司对各自建系统进行了整合优化，截至 2019 年底，各网省公司机动应急通信系统均纳入了国网公司统一管理，构建了"总分部、省、市（县）"三级之间集约管控、分级部署、安全高效、资源共享、精益运维的一体化应急通信管控保障体系，形成了以国网中心站、四川中心站为双核心的主备中心站分担架构，实现对各单位应急通信专业工作的集中管控，为电力公司应急现场处置、重大活动保障提供坚强可靠通信支撑。

经过近几年的发展，电力应急通信系统已初具一定规模和应急指挥能力，但仍存在应急通信覆盖不全面、技术装备简单、集成度和灵活性不够以及智能化程度不高等问题，随着应急通信技术的不断发展，电力应急通信系统必将得到进一步优化和完善。

第二节　电力应急通信保障体系

一、电力应急通信的主要规定

1. 建立电力企业应急通信保障体系的目的

电力企业应建立健全应急通信保障体系，建立有线与无线相结合、专网资源与公网资源相结合的电力通信保障系统，确保突发事件应对、重要保电工作的通信畅通。

2. 电力应急通信设计的规定

（1）电力应急通信属于电力通信系统设计范围，宜与常用电力通信部分设计同期进行。今后在设计常用电力通信时，就要通盘考虑电力应急通信。

（2）电力应急通信工程设计应贯彻国家基本建设方针政策，满足电力应急通信系统"可靠、融合、先进"和"经济、高效、安全"的基本原则。

（3）电力应急通信设计应注重抗毁性，应急通信应具备抵御自然灾害的能力。

（4）电力应急通信设计应注重安全性，应急通信系统建设与使用不应降低现有通信系统与业务系统的运行安全与信息安全。

（5）电力应急通信设计应注重兼容性，系统接口宜统一标准，兼容应急业务系统。

（6）电力应急通信设计应注重易用性，系统在事件发生时能够快速方便地投入使用。

（7）电力应急通信系统应采用低功耗设备，满足系统长时间稳定、可靠运行的要求。

（8）工程设计应合理利用已有电力系统资源，充分考虑应急资源的日常使用能力。

3. 电力应急通信的发展规划

电力应急通信的发展规划和工程设计应与电力系统通信发展规划相结合，建设方案、技术方案、设备选型应以近、远期发展规划为依据，以近期需求为主，兼顾远期发展。

二、电力应急通信系统逻辑构成和业务性能要求

1. 电力应急通信系统两类任务的逻辑构成

电力应急通信在突发事件应对、重要保电情况下发挥作用，包括保障电力运行控制通信和应急指挥通信两类任务，其逻辑构成如图 2-2-1 所示。

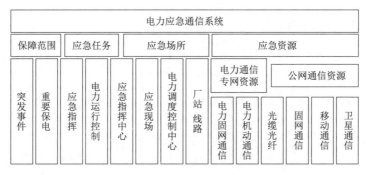

图 2-2-1 电力应急通信系统应对两类任务的逻辑构成

图 2-2-1 中的应急现场是指发生和处理应急事件的位置和场所，其与应急指挥中心有建立应急通信的要求，包括灾害事故发生、抢修施工、现场应急指挥、电力生产运维相关场所等。

2. 电力应急通信应对突发事件的业务性能要求

电力应急通信应对突发事件的业务通道指标应符合表 2-2-1 的规定。

表 2-2-1 电力应急通信业务通道指标

应用分类	业务类别	通道指标					
		传输速率 /(kbit/s)	传输时延 /ms	误码率	丢分组率	通道属性	通信类型
电力运行控制	调度电话	22.5②	≤600	—	≤1%	双向	TCP/IP
		64	≤150	≤10^{-3}	—	双向	TDM
	交流线路保护①	2048	≤20	≤10^{-6}	—	双向	TDM
		—	≤15	≤10^{-3}	—	双向	PLC
	安全稳定控制	2048	≤30	≤10^{-6}	—	双向	TDM
	调度自动化	2048	≤30	≤10^{-6}	—	双向	TDM
		64	≤30	≤10^{-6}	—	双向	TDM
		1.2	≤15	≤10^{-3}	—	双向	PLC
		64	≤600	—	≤1%	双向	TCP/IP
	直流控制保护	2048	≤30	≤10^{-6}	—	双向	TDM
应急指挥	语音	22.5②	≤600	—	≤1%	双向	TCP/IP
	视频	512～2048	≤600	—	≤1%	双向	TCP/IP
	数据	512～2048	≤600	—	≤1%	双向	TCP/IP

① 指方向距离保护。

② 采用 G.723.1 语音编码时。

表 2-2-1 中各应急通信业务的通道指标为在应急情况下通信应具备的最低要求，其中交流线路保护时延要求不大于 20ms，是在应急情况下降低了保护装置的速动性要求；语音视频业务时延要求不大于 600ms，是在应急情况下利用卫星通道降低了用户主观感受要求；通道误码率要求在应急情况下也有相应降低。

三、应急通信应对突发事件的任务

1. 在突发事故灾难、自然灾害、社会公共事件情况下电力应急通信的主要任务

（1）迅速建立应急指挥中心与应急现场之间的通信通道。

（2）迅速建立电力生产关键业务通信通道。

（3）为应急指挥及快速恢复电力供应提供通信保障。

2. 电力应急通信在电力运行控制方面的主要任务

电力应急通信在电力运行控制方面应满足在调度机构、重要厂站之间提供调度电话、调度自动化、保护、安稳等关键业务应急通信通道的任务。

3. 电力应急通信在应急指挥方面的主要任务

（1）在应急指挥中心之间和应急现场与应急指挥中心之间建立通信通道，传输语音、视频、数据通信业务。

（2）应急指挥中心与行政交换系统，调度交换系统、视频会议系统、外部公共信息网、公共广播电视系统实现互联互通。

（3）应急现场实现局域通信覆盖，支持音频视频、数据信号的采集与回传。

四、应急通信保障重要保电的任务

1. 在重要保电情况下电力应急通信的主要任务

（1）快速建立保电相关场所的临时性业务通信。

（2）保障保电过程中的电力生产控制、应急指挥等的通信畅通，包括各保电场所已有常规通信手段的加固和无通信场所临时通信的建立。

2. 在重要保电情况下电力应急通信应满足的要求

在重要保电情况下，电力应急通信应满足为各级应急指挥中心、保电区域相关调度中心与变电站之间的调度电话、调度自动化业务提供临时加强通道的要求。

3. 电力应急通信保障应急指挥的主要任务

（1）保障各级应急指挥中心、运维场所、保电区域配电房、保电活动现场的语音及数据通信。

（2）保障应急指挥中心活动现场的视频会议通信。

（3）保障重要供电场所、活动现场的视频监控通信。

第三节　电力应急通信方式

一、电力应急通信方式的选择

1. 电力应急通信可以利用的通信资源

电力应急通信可以利用的通信资源不外乎以下三类：

（1）电力固定通信网资源。

（2）电力机动通信系统。

（3）公网通信网资源。

2. 电力应急通信方式选择的一般规定

（1）电力应急通信设计应综合考虑具体应用场景、灾害程度、应急业务需求、各种应急通信技术特点及实际资源可利用条件等情况来选择合适的通信技术。

（2）使用公网通信资源作为应急通信手段时，应分析资源抵抗灾害的能力与可用性，保证在各种紧急情况下能够满足业务的传输要求，及时发挥作用。公网通信资源承载线路保护和安稳业务时，应满足业务系统对通道的特殊要求。

（3）在冰灾、洪水、台风灾害多发区内宜采用抵御灾害针对性强的应急通信方式，位置不确定的突发灾害（如火灾、地震）宜采用机动应急通信方式。

（4）电力应急通信各业务的主要应急通信方式可按表 2-3-1 选择。

表 2-3-1　　　　　　　　电力应急通信各业务主要应急通信方式选择表

应急通信业务	主要应急通信方式
语音	调度交换网、行政交换网、PSTN、公网移动通信、卫星通信、集群通信、短波通信、公网专线
数据	调度数据网、综合数据网、Internet、卫星通信、无线通信、公网专线
视频	视频会议系统、视频监控系统、Internet、卫星通信、无线通信、公网专线
调度自动化	电力光通信、调度数据网、卫星通信
保护	电力光通信、电力载波通信、公网专线
安稳	电力光通信、公网专线

注：公网通信是电力应急通信的强大支撑，县级以上城市均具备地埋光缆条件，能够较好地抵御台风、冰灾影响，在应急状态下，公用通信网可与电力通信网在调度电话等话音类业务上形成互补。

（5）在建设应急通信系统时，可利用现有电力微波通信资源。

（6）电力应急通信系统建设应本着因地制宜的原则，综合利用各种通信资源，满足迅速布设网络、保障重要信息传输、快速有效传递指令的使用要求。

二、应急通信常用方式的抗灾害能力和灾后恢复难易程度

应急通信常用方式的抗灾害能力和灾后恢复难易程度见表 2-3-2。

表 2-3-2　　　　应急通信常用方式的抗灾害能力和灾后恢复难易程度

序号	资源类别	通信方式	传输业务能力	抗不同自然灾害能力			灾后恢复的难易程度		
				冰冻灾	洪水	台风	冰冻灾	洪水	台风
1	电力固定通信	OPGW	所有业务	抗重冰灾能力较弱，可配置融冰措施	强	强	难	难	难
2		ADSS	所有业务	抗重冰灾能力弱，可快速抢修恢复，特殊情况下可人工除冰	强	强	适中	适中	适中
3		OPPC	所有业务	有一定抗冰灾能力，可配置融冰措施	强	强	难	难	难
4		地埋光缆	所有业务	很强	易被洪水、泥石流冲毁	强	较易	难	较易

续表

序号	资源类别	通信方式	传输业务能力	抗不同自然灾害能力			灾后恢复的难易程度		
				冰冻灾	洪水	台风	冰冻灾	洪水	台风
5	电力固定通信	电力线复用载波	语音、远动、继电保护信号	较强，能够和线路同步恢复	强	强	较难	较难	较难
6		固定短波通信	简短语音	很强，室外天线可除冰	较强	较强	易	易	易
7		固定卫星通信	语音、视频、数据	很强，室外天线可除冰	强	强	易	较易	较易
8		固定微波通信	所有业务	较弱	强	弱	较难	较难	较难
9	电力机动通信	车载卫星通信	语音、视频、数据	强	强	强	—	—	—
10		车载短波通信	简短语音	强	强	强	—	—	—
11	公网通信	地埋光缆/光纤	所有业务	很强	易被洪水、泥石流冲毁	最强	较易	难	较易
12		地埋专线电器	所有业务	强	易被洪水、泥石流冲毁	最强	较易	难	较易
13		架空专线电路	所有业务	易损毁	易被洪水、泥石流冲毁	易被强台风损毁	较易	较易	较易
14		PSTN语音网	语音、数据	易损毁	易被洪水、泥石流冲毁	易被强台风损毁	较易	较易	较易
15		公用无线通信（2G/3G/4G）	语音、数据	易损毁，易拥塞	易损毁，易拥塞	易损毁，易拥塞	可公网应急通信恢复	可公网应急通信恢复	可公网应急通信恢复

三、应急通信应对突发事件和重要保电场景的适用性

应急通信应对突发事件和重要保电场景的适用性见表 2-3-3。

表 2-3-3　　　　　应急通信应对突发事件和重要保电场景的适用性

序号	资源类别	通信方式	传输业务	应 急 场 景	
				重要保电（事前准备）	突发事件（事发应急）
1	电力固定通信	临时光缆	所有业务	提前临时敷设	短距离光缆可临时抢通
2		电力光通信网	所有业务	提前临时建设	临时组织通道
3		电力数据网	所有 IP 业务	提前临时建设	临时组织通道
4		集群通信	语音业务	提前临时建设	—
5		微波通信	所有业务	提前临时建设	临时组织通道

序号	资源类别	通信方式	传输业务	应 急 场 景	
				重要保电（事前准备）	突发事件（事发应急）
6	电力机动通信	卫星通信	语音、视频、数据	车载使用	车载使用，共享式带宽易拥塞
7		短波通信	少量语音	车载使用	车载使用
8		集群通信	语音	车载使用	车载使用
9		电力 3G/4G无线接入	语音、视频、数据	车载使用	车载使用
10	公网通信	公网专线	所有业务	提前租用	临时租用通道
11		Internet 接入	语音、视频	提前租用	临时租用
12		公用无线通信（2G/3G/4G）	语音、视频	提前租用	临时使用，易拥塞

第四节　电力应急指挥通信方案和运行控制应急通信方案

一、电力应急指挥应急通信方案

1. 电力应急指挥通信系统的组成

电力应急指挥通信系统包括应急指挥中心固定通信设施和机动应急通信系统两部分，如图 2-4-1 所示。机动应急通信系统可分为车载型和非车载型两种，可根据情况组建现场救灾应急通信子系统、厂站调度自动化和现场应急指挥子系统。

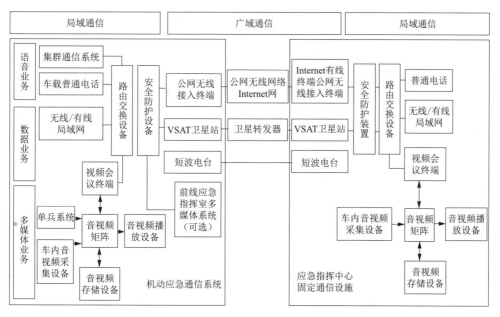

图 2-4-1　电力应急指挥通信系统组成示意图

图2-4-1所示系统组成框图只体现设备连接的逻辑关系，可由多台设备组成，并实现网络隔离等安全防护要求。

2. 电力应急指挥通信系统应符合的要求

（1）机动能力强。系统应高度集成、体积小、重量轻、功耗低、供电方便，能够快速移动、开通、转移，满足应急要求。

（2）环境耐受性强。系统应能耐受严苛的工作环境，可在极端的气象环境（高温、低温、暴雨等）下可靠工作。

（3）稳定性和可靠性高。结构简单，稳定可靠，故障率低。

（4）系统应具有多种通信方式，支持多种业务类型。

（5）系统接入公网有线、无线、卫星通道之前宜经过安全防护设备。

3. 应急指挥中心典型固定通信设施的架构

应急指挥中心典型固定通信设施的架构如图2-4-2所示。

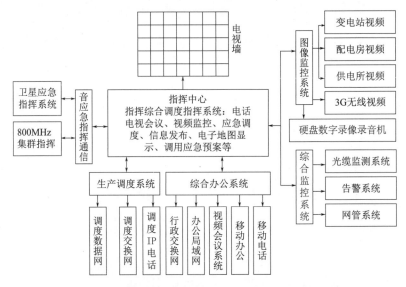

图2-4-2　应急指挥中心典型固定通信设施的架构示意图

4. 应急指挥中心的数据网络

（1）应急指挥中心数据网络应实现本地数据信息的调用和远端应急现场语音、视频、数据的接入。

（2）网络应符合"网络专用、横向隔离，保障电力监控系统和电力调度数据网络的安全"的要求。根据国家电力监管委员会第5号令《电力二次系统安全防护规定》中有"网络专用、横向隔离，保障电力监控系统和电力调度数据网络的安全"的规定要求。应急指挥中心数据承载网络应做安全隔离。

（3）应急指挥中心应实现与上下级应急指挥中心的数据网络联通，带宽应不小于4Mbit/s，实现与政府应急指挥中心数据专线连接，带宽宜不小于2Mbit/s。

5. 应急指挥中心应开通的网络

（1）应急指挥中心应开通互联网（Internet）公共交换电话网络（PSTN）和公共广播

电视业务。

（2）应急指挥中心应能够接入从应急通信车或便携移动终端汇集来的现场信息。

（3）应急指挥中心应利用现有行政交换机提供行政电话与传真业务，也可配置专用语音交换机，并与现有语音交换系统联网。

6. 应急指挥中心电话指挥系统的要求

应急指挥中心应配置电话指挥系统并满足下列要求：

（1）应开通专用值班电话与传真，宜配置 5 路调度电话、5 路行政电话、1 路传真机、2 路公网外线电话，满足至少 30 门电话同时接入的能力。

（2）应支持电话会议功能，可实现电话会议组织与管理。

（3）应支持语音录音功能，实现语音与多路电话同时自动录音与回放。

（4）宜支持软件电话拨号和软件收发多路传真功能，支持与应急指挥信息管理系统数据互通。

（5）可配置短波通信台，实现与应急现场等位置的短波语音通信。

7. 应急指挥中心视频会议功能的要求

应急指挥中心应具备召开视频会议功能，配置视频会议终端，接入所属机构的视频会议系统，并满足下列要求：

（1）应支持召集、参加应急指挥视频会议功能。

（2）应支持 ITU H.239 协议，支持把应急指挥工作终端显示画面作为辅流发送到其他指挥中心及各视频会议会场，支持接收应急现场视频会议终端的两路视频信号显示。

（3）应配置视频会议录像设备，实现全程视频录像与回放。

8. 应急指挥中心视频监控系统图像

应急指挥中心应可调用视频监控系统图像，支持各类电力场所视频监控、应急现场视频等视频图像的接入与切换。

二、电力运行控制应急通信方案

1. 电力运行控制应急通信设计应遵循的原则

电力运行控制应急通信应满足在极端恶劣灾害情况下正常工作，保障电力生产业务的最低通信要求，电力运行控制应急通信方案为在冰灾等情况下，电力应急通信用于电力运行控制时可选择的方案。电力运行控制应急通信设计应遵循下列原则：

（1）抗毁性。当发生严重灾害时，应保证应急通信可用，如需要可设计多路应急通道。

（2）经济性。系统建设应充分利用现有电力专网通信资源，并尽量降低租用公网通信资源的成本。

（3）易用性。电力业务接入、设备互联接口统一，应急电路可快速启动，方便易用。

（4）可监测性。应急设备、应急链路、应急通道应支持日常监测管理。

2. 灾害多发区调度控制中心的独立路由要求

灾害多发区调度控制中心应具有不少于 3 路独立路由的光缆出口方向，其中至少有 1 路采用沟道（管道）或地埋敷设方式

3. 调度控制中心之间通信电路

调度控制中心应急通信宜采用专网电路，也可采用公网光纤通信电路，重冰区宜采用

地埋光缆通信电路。

4.应急通信系统配置

（1）应急通信系统可自建卫星主站系统，也可租用卫星主站系统，连通各卫星应急子站。

（2）应急通信系统可配置应急卫星通信车、便携卫星终端、手持式移动卫星电话等可移动设备作为临时应急措施。

（3）厂站配置的通信电源宜满足应急通信设备24h连续运行，容量不足时可在灾害发生期间停运非重要通信设备，通信电源应预留应急供电接口。

（4）灾害多发区应急通信系统使用的通信电源应满足应急通信设备12h连续运行，宜配置应急发电设备，通信电源应预留应急供电接口。调度机构、应急指挥中心应急通信设备满足12h连续运行要求，主要考虑调度机构、应急指挥中心一般在城市中心位置，具备良好的交通条件，在灾害应急情况下，可在12h内临时配送发电设备及补充燃油供应。

5.冰冻灾害多发区厂站应急通信可选择的方案

（1）采用地埋光缆、ADSS光缆、可融冰OPGW/OPPC光缆或已实施抗冰加固措施光缆或卫星通信，遵循"就近接入"的原则接入电力通信网络。

ADSS光缆和电力载波可作为应急通信手段的原因如下：

1）110kV及以下架空ADSS光缆，在冰灾时可派专人守护、人工除冰或放置落地，减小受灾影响，光缆中断后抢修快速。

2）电力载波通信具有修复快的特点，能够在线路抢修过程中快速恢复，可作为厂站线路保护应急通信手段。

（2）在配置闭锁式或允许式纵联线路保护，不具备建设光纤应急电路条件时，可建设电力线路载波通道。

6.灾害多发区调度电话应急通信方案的选择

灾害多发区调度电话应急通信可选择方案如图2-4-3所示。

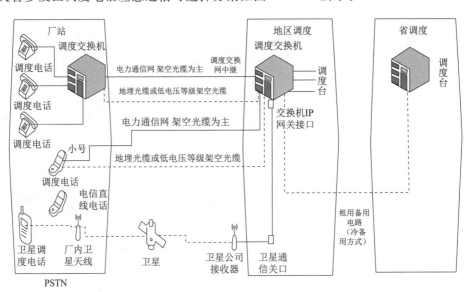

图2-4-3　灾害多发区调度电话应急通信可选择方案示意图

（1）调度控制中心、重要厂站调度程控交换机联网增加应急 2M 中继。

（2）调度控制中心、重要厂站租用具备抵御自然灾害能力的 3 网电话。

（3）调度控制中心、重要厂站增加短波电台。

（4）厂站增加应急调度电话延伸分机。

（5）厂站增加复用载波语音通信。

（6）厂站增加卫星 VoIP 电话或手持式移动卫星电话。

7．灾害多发区厂站至调度机构远动通道应急通信的可选择方案

灾害多发区厂站至调度机构远动通道应急通信的可选择方案如图 2-4-4 所示。灾害多发区调度机构之间转发通道可租用具备抵御自然灾害能力的公网 2M 作为应急通道，如图 2-4-5 所示。

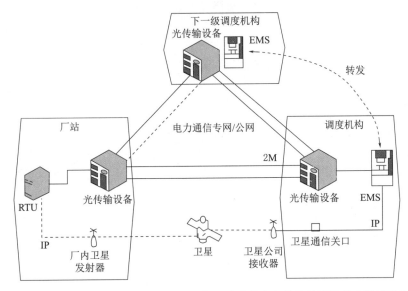

图 2-4-4　灾害多发区厂站至调度机构远动通道应急通信的可选择方案示意图

（1）增加应急 PCM 通信，适用于 4WE/M 模拟接入与 RS-232 数字接入的专线远动业务。

（2）增加复用载波通信，适用于 4WE/M 模拟接入的专线远动业务。

（3）增加 MSTP 专线应急通信，适用于 MSTP 专线接入的远动业务。

（4）增加卫星数据网络，可配置多种接口转换器适用不同业务接口。

8．灾害多发区输电线路继电保护通道应急通信的可选择方案

灾害多发区输电线路继电保护通道应急通信的可选择方案如图 2-4-5 所示。

（1）线路两侧厂站间增加应急 2M 电路。

（2）增加应急载波通信。

9．应急通信通道的设计要求

交流线路继电保护业务、直流控制业务、安全稳定装置业务应急通信通道的设计应计算端到端时延，并满足业务专业需求。

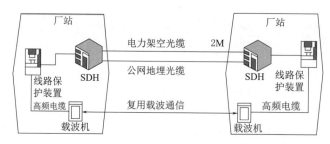

图 2-4-5　灾害多发区输电线路继电保护通道应急通信的可选择方案示意图

第五节　重要保电应急通信方案

一、重要保电应急通信方案基本要求

（1）应急通信应为无通信覆盖的保电场所建立临时通信手段，重要场所可敷设临时光缆。

（2）应急通信可对重要保电关键位置的通信通道进行加强，包括建立冗余光纤路由、光传输通道自愈保护、数据网络应急备份路由、交换网络迂回中继等。

（3）重要保电关键位置应实现应急视频监控，视频画面应能在应急指挥中心大屏幕或其他应急指挥场所展现。

二、重要保电应急通信方案设备配置要求

（1）可配置电话系统，满足保电各场所间的语音通话需求，支持与行政交换网、PSTN 公网交换网的互通，支持多分组并发电话会议功能。

（2）可配置卫星通信，具备语音、视频、数据的综合通信能力，满足保电场所范围内的机动通信需求。

（3）可临时自建或利用其他单位建设的无线集群网络，满足保电各场所间指挥人员、工作人员的语音分组呼叫对讲需求。

（4）可配置视频会议系统，满足保电各场所间固定、临时会议室的视频会议需求。

（5）可配置综合监控系统，满足通信设备运行动力环境监控、通信资源可用性监控、通信设备故障告警监控、通信业务状态监控等需求。

（6）可配置定位系统，实现对工作人员或应急车的定位，实时了解保电区域工作人员或应急车的安全运行轨迹。

（7）可配置现场应急广播系统，在发生特殊事故时发送应急广播。

复 习 思 考 题

1. 什么是电力通信？电力通信与其他通信有什么显著区别？

2. 什么是电力应急通信？你对电力应急通信缩略语掌握了多少？

3. 电力应急通信的一般规定有哪些？

4. 电力应急通信系统逻辑构成是怎样的？

5. 电力应急通信的业务性能要求是什么？

6. 应急通信应对突发事件的任务是什么？

7. 应急通信保障重要保电的任务是什么？

8. 电力应急通信方式一般都选择哪些通信方式？

9. 各种应急通信常用方式抗灾害能力和灾后恢复难易程度是怎样的？

10. 应急通信应对突发事件和重要保电场景适用性是怎样的？

11. 电力应急指挥应急通信方案是怎样的？

12. 电力运行控制应急通信方案是怎样的？

13. 对重要保电应急通信方案的基本要求是什么？

14. 对重要保电应急通信方案设备配置要求有哪些？

第三章

电力应急通信系统常用技术

第一节　视　频　会　议

一、视频会议技术

(一)视频会议系统概念

视频会议系统是集语音、图像和数据于一体的一种交互式的多媒体信息业务，是基于通信网络上的一种增值业务，可以通过网络通信实时传输声音、图像和数据，为身处异地的人们提供了一个虚拟的会议室，如图3-1-1所示，满足一起开会的需要。

图3-1-1　视频会议系统示意图

视频会议系统通过现有的各种电气通信传输媒体，将人物的静态/动态图像、语音、文字、图片等多种信息分送到各个用户的计算机上，使得在地理上分散的用户可以共聚一处，通过图形、声音等多种方式交流信息，增加双方对内容的理解能力，从而进行讨论和决策。

(二)视频会议技术发展历史

视频会议的普及和发展已经从模拟到数字，从一点到多点，从有线到无线，从功能单一到功能多样，先后经历了模拟时代、数字时代、标清时代、高清时代以及智真融合视讯时代。

1. 模拟电视会议阶段

在20世纪70年代开始有了模拟视频会议这种通信业务。那时传送的是黑白图像，并且会议被限制在两个位置之间。不仅如此，视频会议也需要一个非常宽的频段，成本很高，所以这个视频会议还没有开发。

在开启视频会议时节点交换设备是必不可少的，它位于交换设备上的视频会议网络节点。三个或更多个会议电视终端必须使用一个或多个这样的节点交换设备，终端发出的视频、音频、控制信号等在节点交换设备中完成相同的变换模式。节点交换设备具有交换模型、视频交换和速率转换的功能。节点交换设备的数量确定视频会议的大小。

2. 专网数字视频会议舞台

数字视频会议是开发了数字图像压缩技术后于20世纪80年代发展起来的，它占用的频带相对较窄，图像质量更好。从那时起，数字视频会议取代了模拟视频会议，在一些地区开始形成视频会议网络。1988—1992 年间的视频会议网络实践为国际电视会议形成的国际电视会议统一标准（H.200 系列）提供了条件。

视频会议的普及和发展受通信技术水平的影响。这一时期主要通过卫星、光纤等专网连接视频会议系统。其中，只要 ATM 网络增加 ATM25M，接入交换机 V-Switch，同时增加 ISDN 电视会议网关设备 V-Gate，就可以实现基于 ATM 的会议电视系统和基于 IS-DN 的会议电视系统互操作性。这个程序具有良好的图像质量（达到 MPEGⅡ图像质量）、网络方便（并非所有视频会议终端线都连接到 MCU）、高可靠性等特点，但设备成本高，并必须有 ATM 网络。

3. 基于 IP 网络视频会议

随着通信技术的发展，光纤接入也越来越受欢迎，高清视频已经成为可能。基于互联网的、基于硬件的视频会议和基于软件的视频会议已被广泛使用。特别是 H.323 协议的引入，视频会议系统得到前所未有的发展。2008 KEDACOM 发布了第一款 1080P 高清视频会议系统，将视频会议系统引领到高清时代。

H.264 是一种高性能的视频编解码技术，它是由 ITU-T 和 ISO（国际标准化组织）两个组织联合设立的数字视频编码标准。H.264 是当今高清多媒体通信的基石，HD DVD（High Definition DVD）和蓝光 DVD 是 H.264 的制作标准。H.264 是基于 MPEG-4 技术构建的，采用回归基本的简单设计，其更大的优点是高数据压缩比，并且在高压缩比下也具有高质量的流畅图像。

高清视频会议常用的网络通信协议包括 ITU-T 提出的 H.323 协议和 IETF 提出的 SIP 协议。H.323 是一种框架建设，遵循传统的电话信令模式。H.323 集中控制，方便计费，管理带宽相对简单有效。SIP 是会话层信令控制协议，用于创建、修改和释放一个或多个参与者的会话。SIP 消息是基于文本的，因此易于读取和调试。SIP 是一种分布式呼叫设计，便于会议控制，简化用户导向，群组邀请等，具有简洁、开放、兼容和可扩展的特性。

4. 多功能统一通信管理平台阶段

在多业务一体化时代，多媒体多功能统一通信管理平台综合了视频会议、视频监控、应急指挥调度、即时通信、视频点播、桌面应用、VoIP 电话、办公软件等一体化的应用，支持多协议转换兼容性，支持移动网络和互联网融合，具有高容量网络、智能网络适应、高保真视频和音频、软硬结合、多业务集成、平台可开放接入第三方设备等特点。

二、视频会议系统应用模式

（一）点对点会议模式

点对点会议模式如图 3-1-2 所示，具有以下特点：

（1）两方与会。

（2）不需要 MCU。

（3）主要用于两点之间交流的应用场景。

（4）对交互性有较高的要求。

图 3-1-2 点对点会议模式

（二）小容量多点会议模式

小容量多点会议模式如图 3-1-3 所示，具有以下特点：

（1）三方至几十方与会。

（2）需要 MCU 作为交换的核心，星形组网方式。

（3）主要用于小范围沟通。

（4）对交互性有较高要求。

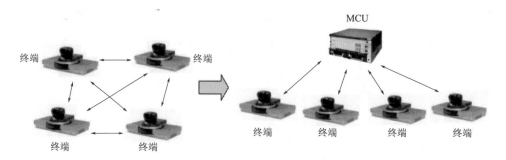

图 3-1-3　小容量多点会议模式

（三）大容量多点会议模式

大容量多点会议模式如图 3-1-4 所示，具有以下特点：

（1）数十方甚至上千方与会。

（2）需多 MCU 级联。

（3）主要用于大型的政策宣讲、报告等方式的会议。

（4）一般要求配备会议管理人员。

（5）对可靠性有较高要求。

（6）对交互性要求不高。

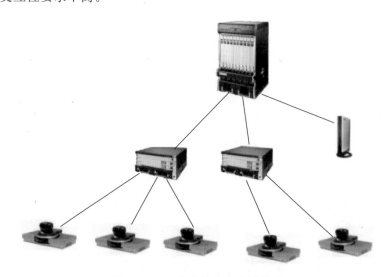

图 3-1-4　大容量多点会议模式

三、视频会议系统组成及功能

一般情况下，视频会议系统由视频会议终端、多点控制器 MCU、传输网络、GK 等部分组成，如图 3-1-5 所示。

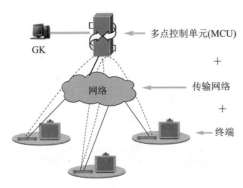

图 3-1-5 视频会议系统组成示意图

（一）视频会议终端

视频会议终端是视频会议系统的核心设备，与视频网络中的 MCU、网关（Gate way）和其他终端提供双向实时通信。终端内部包含视频编解码器、音频编解码器、延迟调节器、系统控制单元、H.225.0 承载层，如图 3-1-6 所示。

1. 视频编解码器

支持 H.261、H.263、H.264 等视频编解码协议，将视频源信号编码成视频码流用于系统处理，并将视频码流解码成视频信号用于显示设备呈现。

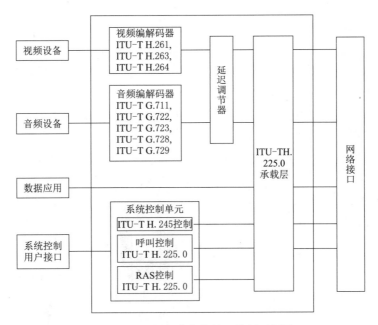

图 3-1-6 视频会议终端工作原理框图

2. 音频编解码器

支持 G.711、G.722、G.723、G.728、G.729 等音频编解码协议，将音频信号编码成音频码流用于系统处理，并将音频码流解码成音频信号用于音频设备进行播放。

3. 延迟调节器

根据网络抖动情况将延时增加到媒体码流中，实现该媒体码流与其他媒体码流的时间同步。

4. 系统控制单元

按照 H.245、H.225.0 协议规定进行媒体能力协商、打开关闭逻辑通道、会议控制、呼叫控制、注册控制等系统控制。

5. H.225.0 承载层

对终端间的视频、音频、数据和控制码流进行规范定义，实现终端内外部的正常通信。

6. 网络接口

包括交换机、路由器等，用于连接至局域网或者广域网，实现视频终端与其他终端、MCU 和网关的通信。

（二）多点控制单元

多点控制单元（Multi-point Control Unit，MCU）也叫多点会议控制器，多点控制单元（MCU）用于控制多点会议。视频会议系统中 MCU 相当于一个媒体交换机的作用。会议系统中，MCU 接收来自所有会场的音视频码流，经过处理后转发给每个会场，所谓处理就是"决策"让每个会场看到听到什么，如图 3-1-7 所示。

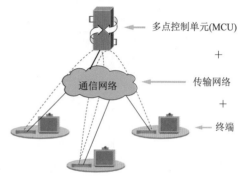

MCU 由两部分组成，必备的 MC 和可选的 MP，如图 3-1-8 所示。

1. MC（多点控制器）

提供了在一个多点会议中的控制功能，完成与视频会议终端之间控制信息的交互。

2. MP（多点处理器）

提供音视频处理、转发功能，完成视频会议体系中音视频和数据的相关处理。

图 3-1-7　多点控制单元示意图

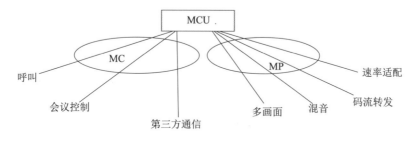

图 3-1-8　多点控制单元（MCU）组成

（三）多点控制单元（MCU）功能

1. 呼叫

通过会控软件（如华为 SMC）预定会议，并向 MCU 发送入会会场列表，此列表为 MCU 的被叫号码，MCU 按照呼叫流程对各个终端进行呼叫，MCU 与终端建立连接，并打开连接通道，完成呼叫。

2. 会议控制

通过会控软件实现"召开/结束会议/延长会议、添加/删除会场、广播/观看/点名、静音/闭音"等功能。

3. 速率适配

发送端和接收端如果视频协议、格式和带宽均相同，则 MCU 会直接转发；三者有任一不同就需要 MCU 把发送端的图像格式翻译成接收端的图像格式。

(四)传输网络

1. 传输网络的种类

传输网络的性能是制约视频会议效果最关键的因素之一，用于搭建视频会议系统的传输网络主要有以下几种。

(1)专线网络。专线网络是指利用传输设备专门为视频会议系统搭建的专线通道，该通道独占，传输稳定性高，网络延时小，电路非常可靠，而且网络安全性高。用户接入速率可依据视频会议系统规模及节点数量，设置为 4M、8M，甚至上百兆。专线的网络费用高，但视频效果好。

(2)IP 网络。IP 网以多种传输媒介为基础，采用 TCP/IP 为通信协议，通过路由器组网，实现 IP 数据包的路由和交换传输。但基于包交换的 IP 网络遵循的是尽最大努力交付的原则，所以这种接入方式的视频会议效果相对于专线方式要差。

(3)基于卫星接入网络。对于地势环境复杂，地域偏远的高山、海上信号较弱的区域，卫星网络在中远距离的视频会议方便具有性能优势，它信号覆盖面广，安全性好，会场建设及搬迁灵活。但是其价格昂贵，除租用卫星信道费外，还有卫星地面站的建设费用，且时延大。

(4)基于互联网接入网络。对于有远程异地办公等需求的用户，可采用手机、PAD 等手持终端，通过专用视频会议软件 APP，利用互联网通道召开视频会议。该方式部署灵活、使用方便，但受互联网带宽及安全等因素制约，稳定性、可靠性相对较差。目前主流的 APP 软件有华为 WeLink、腾讯会议、钉钉、企业微信等。

2. 网守 (GK)

网守 (Gate Keeper, GK)，相当于 DNS (Domain Name System) 的作用，就是所有视频会议终端都向 GK 注册登记，将自己的名称和 IP 地址向 GK 报上号，GK 保证终端名称和 IP 地址一一对应，没有重复。GK 的用途就是在视频会议时使用名称进行呼叫，而不是 IP 地址。GK 主要功能如下：

(1)地址翻译。根据节点注册时数据表，将名称或号码转换成 IP 地址。

(2)呼叫人工控制。根据用户权限、网络带宽等条件，判断是否允许节点发起呼叫。

(3)带宽控制。允许/拒绝节点发起带宽分配请求。

(4)区域管理。GK 同其管理下的节点组成一个区域 (Zone)，根据前缀管理该区域节点。

四、视频会议系统关键技术

(一)多媒体信息处理技术

多媒体信息处理技术主要是针对各种媒体信息进行压缩和处理。视频会议的发展过程也反映出信息处理技术特别是视频压缩技术的发展历程。目前，新的理论、算法不断推进多媒体信息处理技术的发展，进而推动着视频会议技术的发展。特别是在网络带宽不富裕的条件下，多媒体信息压缩技术已成为视频会议最关键的问题之一。与基于 PC 机的 CPU 技术、基于专用芯片组技术相比较，媒体处理器因为具有特有的数字音视频输入输出接口、多媒体协处理器等，使应用变得更加简单，而且设备厂家可以根据市场变化随时进行软件应用的调整，及时适应市场需求，而不会受制于专用芯片组本身的技术限制。媒体处理器支持的嵌入式操作系统以及软件优化，使视频会议系统更加高效、稳定、可靠。媒体处理器技术事实上已经成为视频会议的核心芯片技术，目前已应用于可视手机等终端产品。

（二）宽带网络技术

正在迅速发展的 IP 网络，由于它是面向非连接的网络，因而对实时传输的多媒体信息而言是不适合的，但 TCP/IP 协议对多媒体数据的传输并没有根本性的限制。目前标准化组织、产业联盟、世界主要的各大公司都在对 IP 网络上的传输协议进行改进，并已取得初步成效，如 RTP/RTCP、RSVP、IPv6 等协议。为在 IP 网络上大力发展诸如视频会议之类的多媒体业务打下了良好的基础。

Internet 的网络规模和用户数量迅猛发展，如何进一步扩展网上运行的业务种类并提高网络的服务质量是目前人们最关心的问题。由于 IP 协议是无连接协议，Internet 网络中没有服务质量的概念，不能保证有足够的吞吐量和符合要求的传送时延，只是尽最大努力来满足用户的需要，所以如果不采取新的方法改善目前的网络环境，就无法大规模发展新业务。

（三）分布式处理技术

视频会议可实现点对点、一点对多点、多点之间的实时同步交互通信。视频会议系统要求不同媒体、不同位置的终端的收发同步协调，多点控制单元（MCU）有效地统一控制，使与会终端数据共享，有效协调各种媒体的同步传输，使系统更具有人性化的信息交流和处理方式。通信、合作、协调正是分布式处理的要求，也是交互式多媒体协同工作系统（CSCW）的基本内涵。因此从这个意义上说，视频会议系统是 CSCW（计算机支持协同工作，是指在计算机支持的环境中，一个群体协同工作完成一项共同的任务）主要的群件系统之一。

随着多媒体技术的广泛应用，采用 DSP（Digital Signal Processing）芯片设计多媒体设备，成为人们关注的方向。但是，对于可编程的媒体处理器的需求也很高。因为多媒体信号处理技术处于一个高速发展的阶段，各种国际标准共存，新标准不断涌现。例如，仅视频压缩编码，就有多种国际标准，如 H.261、H.263、MPEG1、MPEG2、MPEG4 和新的 H.264 等。在一个网络上传输的可能是多种不同标准的码流，而且对于一个设备而言，也要不断更新视频编码技术。

第二节　VSAT 卫星通信技术

一、卫星通信基本概念

（一）卫星通信技术的定义和组成

卫星通信技术（Satellite Communication Technology）是一种利用人造地球卫星作为

中继站来转发无线电波而进行的两个或多个地球站之间的通信。

卫星通信系统是由通信卫星和经该卫星连通的地球站两部分组成。

（二）卫星通信的特点

卫星通信是现代通信技术的重要成果，它是在地面微波通信和空间技术的基础上发展起来的。自20世纪90年代以来，卫星移动通信的迅猛发展推动了天线技术的进步。卫星通信具有覆盖范围广、通信容量大、传输质量好、组网方便迅速、便于实现全球无缝连接等众多优点，被认为是建立全球个人通信必不可少的一种重要手段。与电缆通信、微波中继通信、光纤通信、移动通信等通信方式相比，卫星通信具有下列特点：

（1）电波覆盖面积大，通信距离远，可实现多址通信。在卫星波束覆盖区内1跳的通信距离最远为18000km。覆盖区内的用户都可通过通信卫星实现多址连接，进行即时通信。

（2）传输频带宽，通信容量大。卫星通信一般使用1～10kHz的微波波段，有很宽的频率范围，可在两点间提供几百、几千甚至上万条话路，提供每秒几十兆比特甚至每秒一百多兆比特的中高速数据通道，还可传输好几路电视。

（3）通信稳定性好、质量高。卫星链路大部分是在大气层以上的宇宙空间，属恒参信道，传输损耗小，电波传播稳定，不受通信两点间的各种自然环境和人为因素的影响，即便是在发生磁爆或核爆的情况下，也能维持正常通信。

（三）卫星通信的缺点

卫星传输的主要缺点是传输时延大。在打卫星电话时不能立刻听到对方回话，需要间隔一段时间才能听到。其主要原因是无线电波虽在自由空间的传播速度等于光速（300000km/s，即30万公里每秒），但当它从地球站发往同步卫星，又从同步卫星发回接收地球站，这"一上一下"就需要走80000km。打电话时，一问一答无线电波就要往返近160000km，需传输0.6s的时间。也就是说，在发话人说完0.6s以后才能听到对方的回音，这种现象称为延迟效应。由于延迟效应现象的存在，使得打卫星电话往往不像打地面长途电话那样自如方便。

（四）卫星通信发展的趋势

（1）充分利用卫星轨道和频率资源，开辟新的工作频段，各种数字业务综合传输，发展移动卫星通信系统。

（2）卫星星体向多功能、大容量发展，卫星通信地球站日益小型化，卫星通信系统的保密性能和抗毁能力进一步提高。

（3）卫星通信是军事通信的重要组成部分，一些发达国家和军事集团利用卫星通信系统完成的信息传递，约占其军事通信总量的80%。

二、VSAT 卫星通信技术

（一）甚小口径卫星终端站（Very Small Aperture Terminal，VSAT）的优势

利用甚小口径卫星终端站系统进行通信具有灵活性强、可靠性高、使用方便及小站可直接装在用户端等特点，利用VSAT用户数据终端可直接和计算机联网，完成数据传递、文件交换、图像传输等通信任务，从而摆脱了远距离通信地面中继站的问题，是专用远距

离通信系统的一种很好的选择。

（二）VSAT 结构组成

VSAT 卫星通信系统由空间和地面两部分组成，图 3-2-1 所示为 VSAT 网络一般结构示意图。

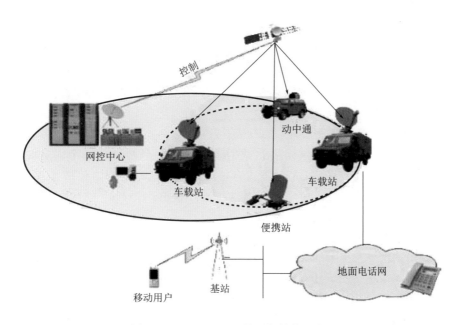

图 3-2-1　VSAT 网络一般结构示意图

VSAT 网络主要由卫星（目前运行的 VSAT 系统的卫星主要是静止卫星）、主站（配置有网络控制系统及地面通信设备）、用户 VSAT 端站组成。典型的网络形态有星状网与网状网。

1. 星状网

星状网是指以 VSAT 网络主站为网络中心，各 VSAT 端站与主站之间构成通信链路，各 VSAT 端站之间不构成直接的通信链路。VSAT 端站之间构成通信链路时需要通过 VSAT 主站转发来实现。这类功能均由 VSAT 主站的网络控制系统参与来完成。

2. 网状网

网状网是指各 VSAT 端站之间相互构成直接的通信链路，不通过 VSAT 主站转发。VSAT 主站只起到全 VSAT 网络的控制、管理及 VSAT 主站和端站之间通信的作用。

（三）VSAT 的接入方式（多址方式）

接入方式是决定 VSAT 性能的关键要素之一，同时也决定着系统的工作量和总延时。早期 VSAT 无例外地采用了频分多址（FDMA）、时分多址（TDMA）、码分多址（CDMA）和空分多址（SDMA）等多址方式。随着技术的进步，分组数据传输的大规模兴起，VSAT 系统又增添了不少新型多址连接方式，例如随机多址连接（RA）和按需分配的多址方式（DAMA）等。当然，在 VSAT 系统中，不同的网络拓扑结构，不同的传输链路，其接入方式也是不同的。常用的 5 种 VSAT 的接入方式如下。

1. TDM/FDMA（时分复用/频分多址）方式

这种方式通常用于星形网络中心站的出站链路，采用连续的 TDM 载波，典型的信息速率为 57.6kbit/s、153.6kbit/s、256kbit/s 和 512kbit/s。在一个 VSAT 网络中，如果不能满足业务量要求，则可增加多个 TDM 出站载波，即 TDM/FDMA 载波，每个 TDM 载波对应一群 VSAT 站。

2. SCPC/FDMA 方式

这种方式通常用于各远程 VSAT 站向中心站发送数据的入站链路，每个 VSAT 站占用一个载波，这种方式典型的信息速率为 1.2kbit/s、2.4kbit/s、4.8kbit/s、9.6kbit/s。其优点是线路延时小、线路专用，缺点是线路利用率低、灵活性差。它适用于业务量固定且平稳的 VSAT 网。

3. TDMA 时分多址方式

传统的 TDMA 方式是根据网络内站数的多少，给每个站划分一个固定时隙，而在 VSAT 网络中，它们与传统的 TDMA 方式有很大差异，比较典型的包括 S-ALOHA（时隙-ALOHA）方式、R-ALOHA（预约-ALOHA）方式、Stream（数据流）方式、AA-TDMA（自适应-时隙分配）方式。

4. CDMA（码分多址）方式

这种方式根据需要采用适当位数的扩频编码，不同的 VSAT 站采用不同的地址码。当中心站与若干个（如 N 个）VSAT 站通信时，将所要传输的 N 个信号用指定的 N 种不同的伪随机码进行扩频调制，同时使用同一种出站载波频率传给 N 个 VSAT 站，只要各个 VSAT 站的接收机使用各自规定的伪随机码来解调，它们便可分别接收到相应的原始信号。这种通信方式具有抗窄带干扰能力及保密通信的能力。

5. DAMA（按需分配多址）方式

在路由较少环境中，采用 SCPC、传统的 FDMA 这样的固定分配方式是对空间段资源的浪费，为提高效率，可以使用 DAMA 技术。这可以在每呼叫（call by call）基础上建立卫星链路，大量的 VSAT 站按需享用卫星容量，以较好利用空间段资源。当 DAMA 技术用于 FDMA 网络时就被称为 DA/FDMA 方式；用于 TDMA 网络中时就被称为 DA/TDMA 方式，或称为 SCPC/DAMA 方式。

三、电力应急卫星通信技术体制

电力应急卫星通信系统采用的是 SCPC/DAMA 技术体制。

（一）SCPC/DAMA 技术体制主要优点

（1）传输容量大，可根据需要设置本站需要的带宽。

（2）不需要全网的严格同步，系统运行可靠性高。

（3）网内各站发射功率、速率可以不一致，天线和功放可按业务量需要灵活配置，业务扩容容易。

（4）SCPC Modem 具有更多的信道纠错编码方式、调制方式和 FEC 率可供选择，传输效率高。

（5）带宽利用率高、时延小，非常适合语音、视频等实时业务或对时延比较敏感的业务。

（6）可靠性高，一个站出问题仅影响与其通信的站，其他站的业务不受影响。

（二）SCPC/DAMA 技术体制主要缺点

（1）在接收多路载波时需要单独配置多路解调设备。

（2）需要在网管系统中增加带宽碎片的管理功能。

（3）各信道独立占用带宽，频谱难以共享使用，在低速率、突发业务应用时，存在带宽浪费现象。

第三节　集群通信技术

一、集群通信技术概念

1. 集群通信定义

集群通信（Trunking Communication，TR）是一种专用的无线移动通信技术，以指挥调度业务为主，具有快速呼叫、群呼组呼、强插强拆、优先呼叫、脱网直通等特点。为满足多个应急处置部门间高效联动、重要用户优先呼叫等应急通信指挥需求，集群通信是现场进行无线指挥调度和应急联动的有效手段。与普通的移动通信不同，集群通信最大的特点是话音通信采用 PTT（Push To Talk）按键，以一按即通的方式接续，被叫无须摘机即可接听，且接续速度较快，并能支持群组呼叫等功能。

2. 集群通信应用优势

随着通信技术的发展，数字集群通信技术得到越来越多的应用，通过提高频谱利用效率，实现更丰富、更实用与多样化的功能，更有助于向 IP 化转移，从而像固定、移动 IP 化的公网一样，有利于发展多种增值业务，促进公网和专网协同、和谐地发展。

3. 数字集群技术服务对象

数字集群技术主要的服务对象分为两大类：一类是对指挥调度功能要求较高的特殊用户，包括政府部门（如军队、公安部门、国家安全部门和紧急事件服务部门）、铁道部门、水利部门、电力部门、民航部门等；另一类是普通的行业用户，如出租部门、物流部门、物业管理部门和工厂制造企业等。

二、集群技术的组成及功能

集群通信系统主要由集中控制系统、调度台、基站、移动台以及与公众电话网相连接的若干条中继线组成，集群通信系统的构成如图 3-3-1 所示。集群通信利用集中控制方式，使多个用户动态共用有限的无线信道资源，支持重要用户强插或强拆正在进行的通话，提高通信容量和无线信道利用率。

1. 集中控制系统

集中控制系统是集群通信系统的核心，主要用于鉴权、控制和交换。无论是移动台呼叫调度台，还是调度台呼叫移动台，或移动台呼叫公众电话网用户，必须在集中控制系统中进行交换，并根据业务需要动态分配无线信道。

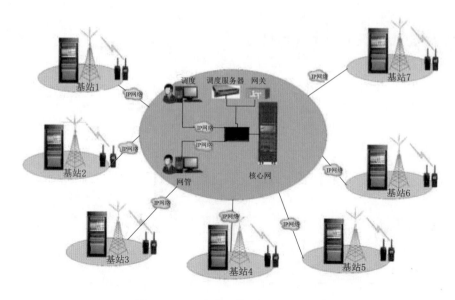

图 3-3-1 集群通信系统构成示意图

2. 调度台

调度台对移动台进行指挥、调度和管理，包括有线调度台和无线调度台两种。

3. 基站

根据用户对集群通信的业务需求，基站包括多区和单区两种组网模式，二者的基本功能相同。多区组网采用多个基站，通信容量大，覆盖面大，设备组成复杂。单区组网采用单个基站，通信容量小，覆盖面积小，设备组成简单。

4. 移动台

移动台是用于在移动或者固定状态下进行通信的用户终端，包括车载台、便携台、手持机等。

第四节　中国集群技术标准

集群通信已从传统的具有业务单一、设备体积大、保密性差等特点的模拟制式逐步发展为目前的具有多业务、设备小型化、安全加密、脱网直通等特点的数字制式。在现有的数字集群通信标准中，TETRA 和 iDEN 在国际上应用较为广泛。TETRA（Trans European Trunked Radio）为泛欧集群无线电，后来改成陆上集群无线电。iDEN（Integrated Digital Enhanced Network）为集成数字增强型网络，是美国摩托罗拉公司研制和生产的一种数字集群移动通信系统，它是目前最流行的集群通信系统之一。它的特点是为用户同时提供集群电话的双向对讲功能和蜂窝电话功能。iDEN 系统在无线接口使用时分多址技术。使用 iDEN 技术的最大运营商是美国 Nextel 公司。另外，中国也在大力发展数字集群通信系统，已经规模商用的系统如基于 CDMA 的数字集群通信系统（GOTA）、基于 GSM 的数字集群通信系统（GT800）以及正在推动的基于 TD-SCDMA 的宽带数字集群通信系统。

一、具有中国自主知识产权的开放式集群架构（GOTA）

（一）GOTA 的概念及特点

GOTA（开放式集群架构）是中国中兴通讯提出的基于集群共网应用的集群通信体制，也是世界上首个基于 CDMA 技术的数字集群系统，具有中国自主知识产权，具备快速接续和信道共享等数字集群公共特点。GOTA 作为一种共网技术，主要应用于共网集群市场，更有利于运营商建设大规模覆盖、频谱利用率高的共网集群网络，以便在业务性能和容量方面满足共网集群网络和业务应用的需要。

GOTA 采用目前移动通信系统中所采用的最新的无线技术和协议标准，并进行了优化和改进，使其能够符合集群系统的技术要求，同时又具有很强的共网运营能力和业务发展能力，满足集群未来发展的需求。

GOTA 可提供的集群业务包括：一对一的私密呼叫和一对多的群组呼叫；系统寻呼、群组寻呼、子群组寻呼、专用 PTT 业务等特殊业务；对不同的话务群组进行分类，例如永久型群组和临时型群组，用户可对其群组内成员进行管理。除了集群业务以外，GOTA 还具有所有新的增值业务，如短消息、定位、VPN（Virtual Private Network）等，这些业务和集群业务结合起来，可为集团用户提供综合服务。

GOTA 成功解决了基于 CDMA 技术的集群业务关键技术。为了能够在 CDMA 网络上进行 PTT 通信，并且不影响原有 CDMA 系统已具备的业务功能和性能，GOTA 围绕着无线信道共享和快速链接这两项关键技术提出解决方案，使新增的集群业务不会对传统通信业务和网络资源带来不利影响。与传统集群通信方式相比，GOTA 技术的优势包括技术先进、业务丰富、投资少、见效快、运营成本低。

（二）GOTA 的网络架构和功能

一套 GOTA 集群通信系统一般由调度服务子系统 DSS（简称调度子系统）、基站子系统 BSS 和终端三部分组成。网络架构示意图如图 3-4-1 所示。

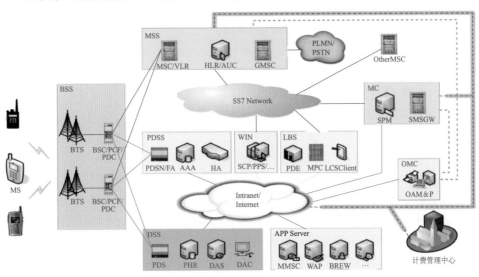

图 3-4-1　GOTA 网络架构示意图

1. 调度服务子系统DSS

调度服务子系统DSS（简称调度子系统）由调度控制中心PDS和调度归属寄存器PHR组成，完成集群业务的处理功能，提供集群业务用户和群组信息的存储和管理功能，为具有集群业务的用户进行开户、注销、业务的鉴权、授权和计费等。调度控制中心PDS是集群呼叫的总控制点，完成集群呼叫的处理，包括鉴别集群用户、建立和维护各种集群呼叫如单呼和组呼、进行话权管理等功能。PDS还负责语音流报文分发的功能。调度归属寄存器PHR提供集群业务用户和群组信息的存储和管理功能，为具有集群业务的用户进行开户、注销、业务的鉴权、授权和计费等，同时协助完成用户的调度呼叫和业务操作。

2. 基站子系统BSS

基站子系统BSS由基站收发信机BTS和基站控制器BSC组成。具有集群调度语音业务、数据业务和电话互联业务的接入功能。BTS具有基带信号的调制与解调、射频信号收发等功能。BSC具有无线资源的分配、呼叫处理、功率控制以及支持终端的切换等功能。BSC具备与不同功率等级的BTS组成星状连接和线型连接的组网能力，以支持大区制、小区制、微微小区制的覆盖，满足在共网运营下的覆盖需求。基站子系统BSS通过标准接口和CDMA集群核心网（包括调度子系统、交换子系统以及分组子系统）相连，满足集群终端的各种业务需求，包括集群业务、电信业务和数据业务。

3. 终端

终端是集群用户可直接操作的设备，为用户提供CDMA集群系统的集群调度语音业务（单呼、组呼、广播）、电话互联业务、补充业务、短消息业务和数据业务。终端通过无线方式与CDMA集群系统相连，同时具有CDMA蜂窝移动通信系统终端的功能。终端包括移动台（包括手持移动台和车载台）和固定台。移动台是集群用户使用的便携式设备，为用户在移动环境中提供各类业务；固定台是集群用户使用的固定式设备，具有与移动台相同的功能。

二、具有自主知识产权的基于时分多址的专业数字集群技术（华为GT800）

（一）时分同步码分多址技术（TD-SCDMA）

时分同步码分多址技术（Time Division-Synchronous Code Division Multiple Access，TD-SCDMA）是以我国知识产权为主的、被国际上广泛接受和认可的无线通信国际标准，也被国际电信联盟ITU正式列为第三代移动通信空中接口技术规范之一。这是中国移动通信界的一次创举和对国际移动通信行业的贡献，也是中国在移动通信领域取得的前所未有的突破。TD-SCDMA中的TD指时分复用，也就是指在TD-SCDMA系统中单用户在同一时刻双向通信（收发）的方式是TDD（时分双工），在相同的频带内在时域上划分不同的时段（时隙）给上、下行进行双工通信，可以方便地实现上、下行链路间的灵活切换。例如，根据不同的业务对上、下行资源需求的不同来确定上、下行链路间的时隙分配转换点，进而实现高效率地承载所有3G对称和非对称业务。与FDD模式相比，TDD可以运行在不成对的射频频谱上，因此在当前复杂的频谱分配情况下它具有非常大的优势。TD-SCDMA通过最佳自适应资源的分配和最佳频谱效率，可支持速率从8kbit/s到2Mbit/s以及更高速率的语音、视频电话、互联网等各种3G业务。在TD-SCDMA系统中，用到了以下几种主要关键技术：

（1）时分双工方式（Time Division Duplexing）。

（2）联合检测（Joint Detection）。

（3）智能天线（Smart Antenna）。

（4）上行同步（Uplink Synchronous）。

（5）软件无线电（Soft Radio）。

（6）动态信道分配（Dynamic Channel Allocation）。

（7）功率控制（Power control）。

（8）接力切换（Baton Handover）。

（9）高速下行分组接入技术（High Speed Downlink Packet Access）。

（二）华为 GT800

华为 GT800 是华为公司提出的另一项中国具自主知识产权的基于时分多址的专业数字集群技术，通过对 TDMA 和 TD-SCDMA 进行创造性地融合和创新，为专业用户提供高性能、大容量的集群业务和功能。技术创新集中体现在集群特性的实现与增强方面，目前已形成数十项集群技术核心专利。

华为 GT800 的技术优势主要体现在以下几点：

1. 覆盖广

由于采用 TDMA 的技术体制，GT800 每个信道的发射功率恒定，覆盖距离仅受地形影响，能够在共享信道情况下实现广覆盖，在用户量增多的情况下，小区覆盖不受影响，各集团共享整个 GT800 网络覆盖服务区，真正体现 GT800 集群共网的广覆盖，广调度，充分利用频率资源的特性。

2. 一呼万应

GT800 继承了业界成熟的数字集群技术体制，实现了真正的信道共享，组内用户的数量不受限制，用户之间不会互相干扰，真正实现一呼万应。

3. 动态信道分配

在话音间隙释放信道，讲话时才分配信道，大大地提高了系统组的容量，即使在容量负荷极限，也能够保证让高优先级用户顺利通话。

4. 提供了面向 3G 的可持续发展能力

基于 TDMA 制式的第一阶段的 GT800 系统，可以方便地向 TD-SCDMA 第二阶段的 GT800 系统演进，充分体现保护用户投资的设计理念。

第五节　短波通信技术

一、短波通信技术概念

短波通信利用天波或者地波传播无线电信号，具有发射功率小、传输距离远、组网快速灵活、抗毁能力强等特点。短波通信是在极端情况下用于应急通信指挥的必备手段。

短波频率工作在 3~30MHz 之间，它主要利用电离层反射传播，即发射电波要经电离层的反射才能到达接收设备，通信距离较远，是远程通信的主要手段。

短波是唯一不受基础设施和有源中继站制约的远程通信手段，特别是在发生严重自然灾害，各种通信网络都会受到破坏，甚至卫星也会受到限制的情况下，短波通信技术其抗毁能力和自主通信能力具有巨大的优势。特别是在山区、戈壁、海洋等地区，超短波覆盖不到，在卫星资源再受限的情况下，更是要依靠短波来实现通信。

二、短波通信系统组成及功能特点

1. 短波通信的原理

短波通信利用天波反射实现远距离通信。

天波反射是信号由天线发出后射向电离层，经电离层反射回地面，又由地面反射回电离层，可以反射多次，不受地面障碍物阻挡，因而传播距离很远（几百至上万千米）。

短波利用地波实现短距离通信。当地面障碍物与地波的波长相当时，容易阻挡无线电传播，导致短波最多只能沿地面传播几十千米。短波传播示意图如图 3-5-1 所示。

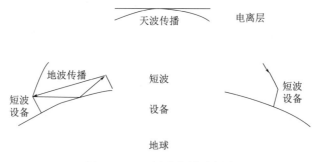

图 3-5-1 短波传播示意图

2. 短波通信系统的组成

短波通信系统由发信机、发信天线、收信机、收信天线和各种终端设备组成。

发信机前级和收信机现已全固态化、小型化。发信天线多采用宽带的同相水平，菱形或对数周期天线，收信天线还可使用鱼骨形和可调的环形天线阵。终端设备的主要作用是使收发支路的四线系统与常用的二线系统衔接时，增加回声损耗防止振鸣，并提供压扩功能。

3. 短波通信的特点

频段窄、多径传播、信道差、通信质量不高是短波通信固有的不足，因而导致短波通信技术的应用不广泛，仅局限于军事通信应用。但是，短波通信的自主性比卫星通信更强，而且经济实用。特别是随着第三代短波通信网的组建，采用了一些短波通信新技术，如异步/同步组网技术、软件无线电技术等，使短波通信的应用提高到了一个新的水平。短波通信具有以下特点：

（1）灵活机动。不需要建立中继站即可实现远距离通信。

（2）设备简单。体积小，支持车载、舰载、机载或背负移动通信。

（3）组网快捷。只需预先设置相同频率，便可实现通信。

（4）支持自适应跳频以躲避恶意干扰和窃听。

（5）传输介质电离层不易遭受破坏，抗毁能力强。

第六节　无线自组网技术

一、无线自组网技术的作用和特点

（一）无线自组网技术的作用

无线自组网技术是一种不依赖基础设施的无线通信网络，结合无线通信技术和自组织网络技术，具有多跳中继通信、拓扑动态性、环境适应性等特点的通信技术。无线自组织网络是一种移动通信网络，用于满足数据、语音、图像、视频等业务的通信要求。

为满足现场的区域局部快速移动通信、无人值守信息采集等特殊的应急通信指挥需求，无线自组织网络对于临时快速部署现场应急通信指挥系统具有重要作用。

（二）无线自组网技术的组成

无线自组网通常是由一组带有无线收发装置的可移动节点组成的无中心网络。与有基础设施的网络相比，无线自组网能够不依赖线缆、基站、微波中继站等基础设施，网络中的每个节点既作为路由器又作为用户终端，通过单跳直达或者多跳中继的方式进行无线通信。

（1）在基础设施无线网状网的网络结构中，路由器节点的位置相对固定，部分用于连接骨干网络，部分负责用户终端节点的无线接入和多跳中继通信，在路由器节点和用户终端节点之间形成宽带无线闭合回路。用户终端节点通过具有网关功能的路由器节点，可以与其他网络互连。

（2）在用户终端无线网状网的网络结构中，用户终端节点之间以对等的方式进行点对点通信，每个节点既作为路由器又作为用户终端，通过单跳直达或者多跳中继的方式进行通信。可见，用户终端无线网状网的网络结构与无线自组网的平面结构基本一致。

（三）无线自组网技术特点

在无线自组网技术特性的基础上，无线网状网主要具有以下特点：

1. 节点多样性

无线网状网的节点包括路由器、台式机等固定节点以及笔记本电脑、手持机等移动节点。

2. 连接扩展性

无线网状网可以连接互联网，也可以连接其他网络。

3. 网络兼容性

无线网状网是一种组网技术，并不限于某种无线通信技术。无线网状网通常采用IEEE 802.11、IEEE 802.16、超宽带（Ultra Wide Band，UWB）、LTE 等技术，采用不同技术组成的无线网状网之间存在兼容性问题。

二、无线自组网分类

（1）从网络的应用场景可以分为车载自组网（VANET）、移动自组网（MANET）、军用自组网、应急自组网、无人机自组网（FANET）等。

（2）从节点的地位来分，无线自组网可以分为平面结构和分级结构。

（3）根据使用频率的不同，分级结构网络又可以分为单频分级和多频分级两种，如图3-6-1所示。

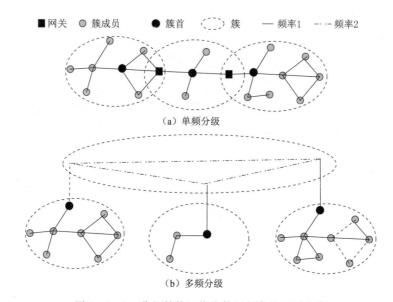

图3-6-1 分级结构网络按使用频率的不同分类

三、无线自组网关键技术

（一）Ad Hoc

Ad Hoc源自于拉丁语，意思是"for this"，引申为"for this purpose only"，即"为某种目的设置的，特别的"意思，即Ad Hoc网络是一种有特殊用途的网络。IEEE802.11标准委员会采用了"Ad Hoc网络"一词来描述这种特殊的自组织对等式多跳移动通信网络。Ad Hoc结构是一种省去了无线中介设备AP而搭建起来的对等网络结构，只要安装了无线网卡，计算机彼此之间即可实现无线互联。其原理是网络中的一台计算机主机建立点到点连接，相当于虚拟AP，而其他计算机就可以直接通过这个点对点连接进行网络互联与共享。

Ad Hoc网络是一种特殊的无线移动网络。网络中所有结点的地位平等，无须设置任何的中心控制结点。网络中的结点不仅具有普通移动终端所需的功能，而且具有报文转发能力。与普通的移动网络和固定网络相比，它具有以下特点：

1. 无中心

Ad Hoc网络没有严格的控制中心。所有结点的地位平等，即是一个对等式网络。结点可以随时加入和离开网络。任何结点的故障不会影响整个网络的运行，具有很强的抗毁性。

2. 自组织

网络的布设或展开无需依赖于任何预设的网络设施。结点通过分层协议和分布式算法协调各自的行为，结点开机后就可以快速、自动地组成一个独立的网络。

3. 多跳路由

当结点要与其覆盖范围之外的结点进行通信时，需要中间结点的多跳转发。与固定网络的多跳不同，Ad Hoc 网络中的多跳路由是由普通的网络结点完成的，而不是由专用的路由设备（如路由器）完成的。

4. 动态拓扑

Ad Hoc 网络是一个动态的网络。网络结点可以随处移动，也可以随时开机和关机，这些都会使网络的拓扑结构随时发生变化。这些特点使得 Ad Hoc 网络在体系结构、网络组织、协议设计等方面都与普通的蜂窝移动通信网络和固定通信网络有着显著的区别。

Ad Hoc 网络的分层思维与传统 TCP/IP 网络一样，分为 5 层，关键技术研究主要集中在数据链路层和网络层，如图 3-6-2 所示。图 3-6-2 中 QoS（Quality of Service）含义为服务质量。

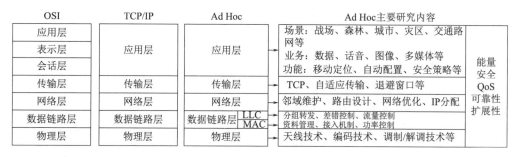

图 3-6-2　Ad Hoc 网络的分层

（二）无线数据通信协议

1. ALOHA 协议

最早最基本的无线数据通信协议，没有碰撞回避，没有信道访问控制机制。

2. CSMA（载波侦听多址访问）

该协议是对 ALOHA 协议的改进和提高，是一种信道访问控制协议，属于有碰撞回避。

3. CSMA/CA（载波侦听多址访问/碰撞避免）

旨在解决隐终端问题，属于 IEEE 802.11 Mac 协议。

4. BTMA（忙音多址访问）协议

进一步解决隐终端和显终端问题。

（三）信道资源划分

信道资源按照时域（TDMA）、频域（FDMA）或码域（CDMA）划分，划分出的子信道按照一定的策略/算法分配给网络节点。

1. TDMA（时分多址访问）

将时间划分为帧，帧根据网络状态划分为时隙，根据时隙分配方式的不同，可以分为固定/静态分配、动态分配和动静混合分配。

2.FDMA（频分多址）协议

以频域为划分界限，将无线信道带宽拆分成相等的、特定数目的子频段。每个子频段可以作为一个信道，通过设置保护带宽，可以减少甚至杜绝频段之间的互相干扰。

3.CDMA（码分多址）协议

通过给不同的节点设置相互正交的码来共享无线信道，因此允许网络中多个不同的节点同时发送数据而不会相互干扰。当多个节点发送的扩频序列正交时，在接收端通过解码可从混合信号中提取各个发送节点的信息。

（四）路由算法协议

路由算法协议的组成如图 3-6-3 所示。

1.贪婪边界无状态路由协议 GPSR

贪婪周边无状态路由（Greedy Perimeter Stateless Routing，GPSR）是一种基于传统贪婪转发方案的路由协议。为了避免传统贪婪转发方案中通信空洞造成的路由寻径失败，以及由此产生的重复路由请求带来的额外开销，GPSR 利用传感节点对位置信息的可知性和节点处于静态的特点，在路由过程遭遇通信空洞而失效时根据网络原始拓扑，生成一个平面子图并沿子图中空洞的周界进行分组转发。同时 GPSR 算法还利用该机制来支持传感节点的移动性。GPSR 协议建立在传统贪婪转发算法之上，具有贪婪转发和周界转发两种分组转发方式。路由开始时采用贪婪转发方式进行分组转发，当贪婪方式失效时（即遇到通信空洞时）转入周界转发模式继续路由，当条件满足时恢复贪婪转发模式，如此反复直至分组到达目的地。

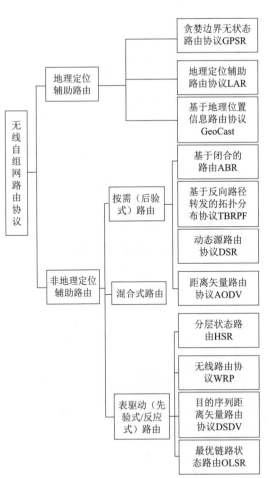

图 3-6-3　路由算法协议的组成

2.距离矢量路由 AODV

其寻路的必要条件为两个节点间没有可达路由，而此时又有数据分组需要传输。AODV 路由中的各个节点无需包含从源节点到达目的节点的完整路径，只需知道下一跳即可，然后通过逐级转发的方式到达目的节点。

3.动态源路由协议 DSR

网络中的所有状态是按需建立的。

4.基于联合的路由协议 ABR

此协议为 Ad Hoc 自组织网络定义了一个新的度量矩阵，用于表示网络节点的联合稳定性程度，路由的选择策略基于网络节点的联合稳定性程度。ABR 协议的设计主要考虑到了移动自组织网络动态拓扑的特点，收进了能表征链接持久性和传输质量的相关性稳定度（Associativity Stability）概念。ABR 的基本目标是为自组织网找出生命时间更长的路由，其核心就是联合稳定性程度（Dgree of Associativity Stability），在 ABR 协议下，路由的选择基于节点的联合稳定性程度。ABR 通过向相邻节点间定期产生信标（Beacon）来表示自己的存在。当一个节点收到邻近节点发送过来的信标时，本节点就会对相关性表（Associativity Table）进行更新。每接收一个信标，节点就增加一个关于发送信标的节点的联合条目。

5. 最优链路状态路由 OLSR

维护本节点到网络中所有节点的路由，通过逐跳转发数据，即每个节点都与邻居节点交换链路信息以计算本机的路由。

6. 目的序列距离矢量路由协议 DSDV

网络中节点保存了所有可达目的节点的路由信息，分别记录了到达目的节点的下一跳、IP 地址、最新序列号和跳数。

7. 无线路由协议 WRP

网络中的每个节点都需要维护 4 个表信息，分别是路由表、距离表、消息重发表、链路费用表。

第七节　无人机应急通信技术

一、无人机

（一）无人机定义

无人驾驶飞机简称无人机，英文缩写为 UAV（Unmanned Aerial Vehicle/Drones），是利用无线电遥控设备和自备的程序控制装置操纵的不载人飞机，或者由车载计算机完全地或间歇地自主操作的不载人飞机。无人机实际上是无人驾驶飞行器的统称，与载人飞机相比，它具有体积小、造价低、使用方便等优点。而系留式无人机作为一种近两年发展起来的无人机分支，克服了普通多轴无人机留空时间短、载重量小、飞行不稳定的缺点，非常适合各种专业领域应用。

临近空间是指空与天的结合部，普遍将其定义为海拔 20～100km 空域，该领域已成为世界大国战略博弈和角逐的新兴战略空间。临近空间超长航时无人机是支撑临近空间信息产业发展的重要基础设施之一。

（二）无人机的分类

1. 按技术角度分类

无人机可以分为无人固定翼飞机、无人垂直起降飞机、无人飞艇、无人直升机、无人多旋翼飞行器、无人伞翼机等。

2. 按飞行平台构型分类

无人机可分为固定翼无人机、旋翼无人机、无人飞艇、伞翼无人机、扑翼无人机等。

3. 按飞行平台构型分类

无人机可分为固定翼无人机、旋翼无人机、无人飞艇、伞翼无人机、扑翼无人机等。

4. 按尺度分类（民航法规）

无人机可分为微型无人机、轻型无人机、小型无人机以及大型无人机。微型无人机是指空机质量小于等于7kg的无人机，轻型无人机是指质量大于7kg、但小于等于116kg的无人机，且全马力平飞中，校正空速小于100km/h，升限小于3000m。小型无人机是指空机质量小于等于5700kg的无人机，微型无人机和轻型无人机除外。大型无人机是指空机质量大于5700kg的无人机。

5. 按活动半径分类

无人机可分为超近程无人机、近程无人机、短程无人机、中程无人机、远程无人机。超近程无人机活动半径在15km以内，近程无人机活动半径在15～50km之间，短程无人机活动半径在50～200km之间，中程无人机活动半径在200～800km之间，远程无人机活动半径大于800km。

6. 按任务高度分类

无人机可以分为超低空无人机、低空无人机、中空无人机、高空无人机和超高空无人机。超低空无人机任务高度一般在0～10m之间，低空无人机任务高度一般在100～1000m之间，中空无人机任务高度一般在1000～7000m之间，高空无人机任务高度一般在7000～18000m之间，超高空无人机任务高度般大于18000m。

（三）无人机使用领域

在无人机使用中，最典型、最常见的就是多旋翼直升机，其优点是可以垂直起降、空中悬停，结构简单，操作灵活，适用于各种场合。

目前无人机主要分为民用级和专业级无人机两个领域。民用级无人机的代表为深圳市大疆创新科技有限公司出品的一系列无人机，如精灵系列、悟系列、御系列等航拍用无人机及农业应用的行业应用无人机。这些无人机因其面向民用，载荷都很小，自带蓄电池的设计保证了机体轻便的同时也使得飞行时间都在25min左右，因此无法匹配高空基站的需求。

专业级无人机领域又分为旋转翼无人机、系留式无人机和固定翼无人机三种。三种无人机主要参数对比见表3-7-1。

表3-7-1　　　　　　　　　　三种无人机主要参数对比

参　数	旋转翼无人机	系留式无人机	固定翼无人机
飞行高度/m	＞3000	＞100	＞5000
载荷重量/kg	50～100	10	＞100
供电方式	220V交流/48V直流	220V交流	—
滞空时间/h	3～6	＞8	＞20

二、无人机关键技术和发展现状

（一）无人机关键技术

目前，美国是世界上生产无人机系统品种最多、使用最广泛的国家，在发展长航时无人机系统方面占主导地位。无人机关键技术可以归纳为以下几方面。

1. 跟踪、测控、通信一体化信道综合技术

早期无人机数据链大都采用分立体制，遥控、遥测、视频传输和跟踪定位用各自独立的信道，设备复杂。为了简化设备或节省频谱，20 世纪 80 年代后，大量采用先进的统一载波综合体制，根据需要和可能来进行不同程度的信道综合，构成不同形式的无人机综合数据链。无人机数据链常用的信道综合体制是"三合一"和"四合一"综合信道体制。

所谓"三合一"综合信道体制是指跟踪定位、遥测和遥控的统一载波体制，即利用遥测信号进行跟踪测角，利用遥控与遥测进行测距，而使用另外单独下行信道进行视频信息传输。

所谓"四合一"综合信道体制是指跟踪定位、遥测、遥控和信息传输的统一载波体制，即视频信息传输与遥测共用一个信道，利用视频与遥测信号进行跟踪测角，利用遥控与遥测进行测距。视频与遥测共用信道的方式包括两种：一种是模拟视频信号与遥测数据副载波频分传输；另一种是数字视频数据与遥测复合数据传输。采用"四合一"综合信道体制，就要解决直接接收宽带调制信号的天线高精度自动跟踪问题。"四合一"综合信道体制的信道综合程度最高，在现代无人机数据链中得到广泛应用，但"三合一"综合信道体制将宽带与窄带信道分开，从某种角度来说具有一定的灵活性。

2. 无人机视频压缩编码技术

无人机任务传感器视频信息的传输是无人机测控系统的重要功能，也是决定无人机数据链规模的重要因素。图像信号是任务传感器视频信息的主要形式。将视频图像信号进行数字压缩编码有利于减小传输带宽，也有利于采用加密和抗干扰措施。要根据无人机的使用特点，研究存储开销低（适合机载条件）、实时性强（时延小）、恢复图像质量好（失真小）的高倍视频数字压缩技术。

3. 测控与通信数据抗干扰传输技术

抗干扰能力是无人机测控系统性能的重要指标。无人机测控系统常用的抗干扰方法有抗干扰编码、直接序列扩频、跳频和扩跳结合。既要不断提高上行窄带遥控信道的抗干扰能力，也要逐步解决好下行宽带图像/遥测信道的抗干扰问题。此外，还要解决好低仰角条件下以及山区或城市恶劣环境条件下的抗多径干扰问题。

4. 超视距中继传输技术

当无人机超出地面测控站的无线电视距范围时，数据链必须要采用中继方式。根据中继设备所处的空间位置，又分地面中继、空中中继和卫星中继等。地面中继方式的中继转发设备置于地面上，一般架设在地面测控站与无人机之间的制高点上。由于地面中继转发设备与地面测控站的高度差别有限，所以该中继方式主要用于克服地形阻挡，适用于近程无人机系统。空中中继方式的中继转发设备置于某种合适的航空器（空中中继平台）上。空中中继平台和任务无人机间采用定向天线，并通过数字引导或自跟踪方式确保天线波束彼此对准。这种中继方式的作用距离受中继航空器高度的限制，适用于中程无人机系统。卫星中继方式的中继转发设备是通信卫星（或数据中继卫星）上的转发器。无人机上要安装一定尺寸的跟踪天线，机载天线采用数字引导指向卫星，采用自跟踪方式实现对卫星的跟踪。这种中继方式可以实现远距离的中继测控，适用于大型的中程和远程无人机系统，其作用距离受卫星天线波束范围限制。

5.一站多机数据链技术

一站多机数据链是指一个测控站（地面或空中）与多架无人机之间的数据链。测控站一般采用时分多址方式向各无人机发送控制指令，采用频分、时分或码分多址方式区分来自不同无人机的遥测参数和任务传感器信息。如果作用距离较远，测控站需要采用增益较高的定向跟踪天线，在天线波束不能同时覆盖多架无人机时，则要采用多个天线或多波束天线。在不需要任务传感器信息传输时，测控站一般采用全向天线或宽波束天线。当多架无人机超出视距范围以外时，需要采用中继方式。根据中继方式不同，数据链又分为空中中继一站多机数据链和卫星中继一站多机数据链。

6.多信道多点频收发设备的电磁兼容技术

无人机数据链有上行、下行信道，又要考虑多机多系统兼容工作和必要时的中继转发，再加上由于安装空间的限制，因此多信道多点频收发设备的电磁兼任问题十分突出。要根据这些特点，在频段选择和频道设计上周密考虑，并采取必要的滤波和隔离措施。

7.无人机任务规划与监控技术

无人机地面控制站要完成复杂的任务规划和监控功能，要根据处理数据量大和要求实时性强的特点，解决好多任务数据处理、组合定位、综合显示和大容量记录等问题，做到显示清晰、操作方便、人机友好。

8.机载设备的耐温、抗振、小型化结构设计技术

无人机机载设备小型化是无人机系统始终追求的目标。随着无人机测控系统性能的提高，设备小型化的要求越来越高。应根据无人机的使用特点，解决好机载设备耐温和抗震问题，不断研究机载设备小型化综合设计技术，使高性能的复杂设备的规模控制在允许范围内，使具有基本功能的设备能在微小型无人机上安装。

9.地面设备的机动、便携结构设计和装车技术

为了发挥无人机系统使用机动灵活的优势，一般要求地面测控站能车载机动，某些简单小型测控站还能便携使用。这就要求地面设备也尽量小型化，既要符合车载或便携设备的相关规范，又要根据无人机地面控制站和地面数据终端的设备特点，解决好设备的材料、结构和工艺问题，满足耐温、抗振、防雨和防盐雾等环境适应性要求，并便于操作、使用和维修。

（二）无人机发展现状

目前，世界上研制生产无人机系统的国家至少有20多个，其中美国和以色列处于领先地位。美国是世界上生产无人机系统品种最多、使用最广泛的国家，在发展长航时无人机系统方面占主导地位。以色列则是世界上小型短程无人机系统方面技术最先进、使用最有经验的国家。

我国的无人机测控技术经过20多年的发展，已突破了综合信道、图像数字化压缩、宽带信号跟踪、上行扩频、低仰角抗多径传输、多信道电磁兼容、空中中继、卫星中继、组合定位、综合显示和机载设备小型化等一系列关键技术，已成功研制生产多种型号的数据链和地面控制站，采用视距数据链、空中中继数据链或卫星中继数据链，分别实现对近程、短程、中程和远程无人机的遥控、遥测、跟踪定位和视频信息传输。产品已与多种无人机型号配套，小批量生产、使用。

三、旋翼式无人机

（一）旋翼机飞行的六种运动形式

旋翼式无人机可以垂直运动和前后运动，还能俯仰运动、偏航运动、侧向运动和滚转运动，如图 3-7-1 所示。

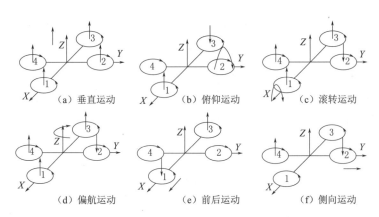

图 3-7-1　旋翼式无人飞机的六种运动形式

（二）旋翼无人机的构成

1.动力系统

无人机的动力系统是无人机的发动机以及保证发动机正常工作所必需的系统和附件的总称。

无人机使用的动力装置主要有活塞式发动机、涡喷发动机、涡扇发动机、涡桨发动机、涡轴发动机、冲压发动机、火箭发动机、电动机等。目前主流的民用无人机所采用的动力系统通常为活塞式发动机和电动机两种，如图 3-7-2 所示。

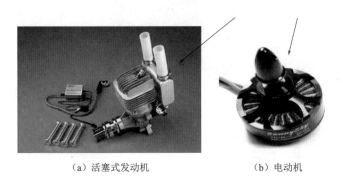

（a）活塞式发动机　　　　　　　　（b）电动机

图 3-7-2　旋翼式无人机动力系统

2.导航系统

导航系统向无人机提供相对于所选定的参考坐标系的位置、速度、飞行姿态，引导无人机沿指定航线安全、准时、准确的飞行。因此，导航系统对于无人机相当于领航员对于有人机。无人机导航系统的功能如下：

（1）获得必要的导航要素：高度、速度、姿态、航向。

（2）给出满足精度要求的定位信息：经度、纬度。

（3）引导飞机按规定计划飞行。

（4）接收控制站的导航模式控制指令并执行，并具有指令导航模式与预定航线飞行模式相互切换的功能。

（5）具有接收并融合无人机其他设备的辅助导航定位信息的能力。

（6）配合其他系统完成各种任务。

3. 飞控系统

无人机飞控系统是无人机完成起飞、空中飞行、执行任务、返场回收等整个飞行过程的核心系统，对无人机实现全权控制与管理，因此飞控系统对于无人机相当于驾驶员对于有人机，是无人机执行任务的关键。飞控系统的功能如下：

（1）无人机姿态稳定与控制。

（2）与导航系统协调完成航迹控制。

（3）无人机起飞（发射）与着陆（回收）控制。

（4）无人机飞行管理。

（5）无人机任务设备管理与控制。

（6）应急控制。

（7）信息收集与传递。

4. 任务设备

无人机根据任务不同，可以搭载不同设备进行工作。

常用的无人机任务设备包括航拍相机、测绘激光雷达、气象设备、农药喷洒设备、激光测距仪器、红外相机、微光夜视仪、航空武器设备等，如图 3-7-3 所示。

图 3-7-3 旋翼无人机搭载的任务设备示例

5. 地面控制系统

无人机地面站也称控制站、遥控站或任务规划与控制站。在规模较大的无人机系统中，可以有若干个控制站，这些不同功能的控制站通过通信设备连接起来，构成无人机地面站系统，如图 3-7-4 所示。

图 3 - 7 - 4　无人机地面控制系统

6. 通信链路

无人机通信链路是主要用于无人机系统传输控制、无载荷通信、载荷通信的无线电链路。无人机常用通信频率为：①1.2GHz；②2.4GHz；③5.8GHz；④72MHz；⑤433MHz；⑥900MHz。无人机遥控器如图 3 - 7 - 5 所示。

图 3 - 7 - 5　无人机遥控器

四、系留式无人机

系留无人机又称系留式无人机，为多旋翼无人机的一种特殊形式，使用通过系留线缆传输的地面电源作为动力来源，代替传统的锂电池，最主要的特点是具有长时间的滞空悬停能力。多旋翼无人机是一种具有三个及以上旋翼轴的特殊的无人驾驶直升机。其通过每个轴上的电动机转动，带动旋翼，从而产生升推力。旋翼的总距固定，而不像一般直升机那样可变。通过改变不同旋翼之间的相对转速，可以改变单轴推进力的大小，从而控制飞行器的运行轨迹。

无人机由于具备无须人为干预、可以快速部署等优点，被广泛应用到各行各领域。但是，无人机的续航时间较短，这一缺点限制了无人机的大规模应用。大部分的无人机都采用机载可充电锂电池，续航时间很少有超过 1h 的。但在某些领域，比如现场监控、现场指挥等领域，要求无人机能够长时间留空作业。因此，通过导线由地面电源供电的无人机，也就是系留无人机便应运而生。

系留无人机由地面高压直流稳压系统、放线器、同步绕线轮、系留电缆、空中稳压模块和备用电池组成，高压直流稳压系统和同步绕线轮安装在放线器上，系留电缆、空中稳压模块和备用电池连接。

系留无人机与4G或5G基站集成为应急通信高空基站，具有响应迅速、操作便捷的特点，在发生地震、洪水、泥石流等自然灾害时可发挥重要作用。

复 习 思 考 题

1. 什么是视频会议技术？视频会议系统应用模式是怎样的？

2. 视频会议系统组成及功能是怎样的？

3. 为什么说传输网络的性能是制约视频会议效果最关键的因素之一？

4. 用于搭建视频会议系统的传输网络主要有哪几种？

5. 什么是网守？网守的主要功能是什么？

6. 什么是多媒体信息处理技术？什么是宽带网络技术？什么是分布式处理技术？

7. 什么是卫星通信技术？卫星通信系统由哪两部分组成？

8. 卫星通信有哪些特点？卫星通信的缺点是什么？

9. 甚小口径卫星终端站（VSAT）的优势表现在哪些方面？VSAT结构组成是怎样的？典型的网络形态有几种？

10. 常用的VSAT的接入方式由几种？各适用于哪些场合？

11. 电力应急卫星通信系统采用的是什么技术体制？都有哪些优点和缺点？

12. 什么是集群通信？集群通信具有哪些应用优势？其服务对象是什么？

13. 集群通信的组成及功能是怎样的？

14. 具有中国自主知识产权的集群技术标准有哪些？

15. GOTA的网络架构和功能是怎样的？

16. GT800的技术优势主要体现在哪些方面？

17. 什么是短波通信技术？短波通信技术的组成和功能是怎样的？

18. 什么是无线自组网技术？无线自组网技术的作用是什么？

19. 无线自组织网络技术的组成是怎样的？无线自组织网络技术有哪些特点？

20. 无线自组织网络技术的分类是怎样的？无线自组织网络的关键技术是什么？

21. Ad Hoc网络具有哪些特点？

22. 常见的无线数据通信协议有哪些？

23. 信道资源是如何划分的？

24. 什么是无人机？无人机是怎样分类的？

25. 无人机使用领域中常用的是哪三种无人机？各有哪些特点？

26. 无人机的关键技术主要体现在哪些方面？

27. 什么是旋翼式无人机？旋翼机具有哪六种飞行的运动形式？

28. 旋翼式无人机由哪些系统组成？每个系统的功能是什么？

29. 什么是系留式无人机？有哪些部分组成？具有哪些特点？

第四章

电力应急通信技术标准及要求

第一节　电力应急指挥中心建设规范

一、电力应急通信指挥系统总体规划建设要求

为规范国家电网公司各级应急指挥中心规划、设计、建设、改造和验收工作，统一支撑系统、应用系统等技术要求，确保国家电网公司总部、省、地市、县四级应急指挥中心互联互通，国家电网公司于 2008 年组织编制了《国家电网公司应急指挥中心建设规范》（Q/GDW/Z 202—2008），又于 2015 年进行了修订。目前执行的《国家电网公司应急指挥中心建设规范》的标准号为 Q/GDW 1202—2015 版本。该标准从应急指挥场所、基础支撑系统和应用系统等方面，规范了建设电力应急指挥中心的功能要求和技术要求。

电力应急通信指挥系统的总体规划建设应满足如下要求：

（1）机动能力强，系统应高度集成，体积小、重量轻、功耗低、供电方便，能够快速移动、开通、转移，满足应急要求。

（2）环境耐受性强，系统应能耐受严苛的工作环境，可在极端的气象环境（高温、低温、暴雨等）下可靠工作。

（3）稳定性和可靠性高，结构简单，稳定可靠，故障率低。

（4）系统应具有多种通信方式，支持多种业务类型。

（5）系统接入公网有线、无线、卫星通道之前宜经过安全防护设备。

二、基础支撑系统

（一）通信与网络系统

1. 视频会议系统通信网络

应急指挥中心视频会议系统通信网络应符合下列规定：

（1）IP 地址规划。为保证视频会商系统的功能实现，在进行 IP 地址规划时需要遵循下列原则：

1）IP 地址统一规划、分级管理，保证系统的互联互通。

2）国家电网公司总部按照分部、省公司需求情况统一进行地址段规划、分配。

3）省公司负责所属范围内的地市、县公司 IP 地址规划、分配。

4）IP 地址规划充分考虑系统的扩展性，为系统日后扩容预留足够的空间。

（2）通道组织。

1）国家电网公司总部-分部、省公司应采用数据通信网和专线两种通道组织方式，互为备用。

2）省公司-地市公司、地市公司-县公司应采用专线接入或数据通信网接入，各级单位可根据自身实际确定具体的接入方式。

（3）带宽要求。

1）国家电网公司总部-分部、省公司数据通信网日常状况下带宽按 6M 设置，应急状况

下可根据需求扩展至 10M 及以上；国家电网公司总部-分部、省公司专线带宽按 2×2M 设置。

2）省公司-地市公司日常状况下带宽按照不低于 2×2M 设置，应急状况下省公司－地市公司可根据需要扩展到 4×2M 及以上。

3）地市公司-县公司日常状况下带宽按照不低于 1×2M 设置，应急状况下可根据需要进行扩展。

（4）视频会议系统的安全防护应按照公司信息系统安全防护相关规定执行。

2. 信息内外网

应急指挥中心信息内外网应符合下列规定：

（1）应急指挥中心应实现信息内外网的接入。

（2）信息内外网均应按照公司信息系统安全防护相关规定进行安全防护。

3. 电话系统接入

应急指挥中心应实现公共交换电话（外线电话）接入，宜实现本单位内部交换电话（内线电话）的接入，有条件的应急指挥中心可实现调度电话的接入。电话系统可接入视频会议系统，作为视频会议系统的语音备用。

4. 应急通信系统接入

应急指挥中心应接入国家电网公司应急通信系统，同时可根据需要配置移动式接入设备。移动式接入设备可包括卫星电话、单兵装备、移动应急指挥车、地面便携站等，可通过专网、无线、卫星等方式与应急指挥中心互联互通。

（二）综合布线系统

1. 综合布线系统应符合的规定

（1）综合布线系统应符合《综合布线系统工程设计规范》（GB 50311—2007）的要求，充分考虑语音、数据、图像、控制信号传输的需要，采用模块化结构，方便系统的扩展。

（2）宜采用暗敷的方式布放缆线。在建造或改建房屋时，应事先埋设线管、安置桥架、预留地槽和孔洞、安装防静电地板等，以便穿线。

（3）敷设缆线时应留有冗余长度，敷设缆线前应将线缆两端设置标识，并应标明始端与终端位置，标识应清晰、准确，缆线不应受到外力的挤压和损伤。

（4）数据信号线、音频电缆、视频电缆和光缆等不同类型的缆线，应分别捆扎成束，标识用途。

（5）信号线缆与交流电源线不应共管共槽，当确需敷设在同一线槽中时，应采用金属线槽，敷设时应有不小于 30cm 的间距，并应采取隔离措施。

（6）任何缆线与设备采用插接件连接时，应使插接件免受外力的影响，保持良好的接触。

2. 综合布线系统点位设置应满足的基本要求

（1）指挥区应至少设置 1 个话音点、2 个数据点、1 个音频接口点、2 个视频接口点，其他区域按需要设置信息点。

（2）应预留有线电视接口、视音频接口及投影仪接口。

（三）拾音及扩声系统

1. 音频采集部分

音频采集部分应符合下列规定：

（1）应急指挥中心应配置指向型麦克风。麦克风的数量应根据发言者的人数确定，并应有备份。

（2）麦克风的指向性、频率响应、等效噪声级和过载声压级等要求，应符合《传声器通用规范》（GB 14198—2012）的有关规定。

（3）传声器应采用平衡输出方式，并应使用音频屏蔽电缆连接。

（4）音频采集部分应包括视频会议系统音频输入等音源设备。

2. 音频处理部分

（1）调音台。调音台、周边音频设备的配置应符合下列规定：

1）调音台应根据功能要求配置带分组输出的设备，输入、输出通道应有备用端口。

2）调音台周边应按需要配置分配器、均衡器、反馈抑制器、延时器等设备。

3）周边音频设备可采用数字音频处理设备，数字接口宜匹配。

4）根据功能要求，可配置音频矩阵切换器，并应有备用端口。

5）音频矩阵切换器与视频矩阵切换器宜具同步切换功能。

（2）功率放大器。功率放大器的配置应符合下列规定：

1）功率放大器应根据扬声器系统的数量、功率等因素配置。

2）功率放大器额定输出功率不应小于所驱动扬声器额定功率的 1.50 倍。

3）功率放大器输出阻抗及性能参数应与被驱动的扬声器相匹配。

4）功率放大器与扬声器之间连线的功率损耗应小于扬声器功率的 10%。

（3）监听、录音设备。监听、录音设备应符合下列规定：

1）在控制室区可配置有源监听音箱，并应与会场的声音变化量相一致。

2）系统宜配置录音设备，实现会场音频信息的录制。

3. 音频播放部分

音频播放部分应符合下列规定：

（1）扬声器系统应根据会场的体积结构、容积、装饰装修进行语言清晰度和声场分布设计，确定扬声器系统的数量、参数、方位。

（2）扬声器系统可设置主扬声器和辅助扬声器，并应符合有关规定。

（3）主扬声器宜设置在主显示设备附近，并应满足系统声像一致要求。

（4）辅助扬声器宜设置在应急指挥区顶棚或侧墙上，并在其传输通路中宜配备电子延时设备。

（5）扬声器支架应稳重结实。

（四）视频会议系统

1. 一般要求

视频会议系统应符合下列要求：

（1）新建系统主设备（多点控制单元 MCU 和视频终端）应选用经测试与总部完全兼容的设备。

（2）已建系统，考虑到保护现有投资，宜利用现有设备。如上级、下级 MCU 不兼容，可通过终端背靠背连接方式实现召开广播会商，通过上级 MCU 直呼下级终端方式实现多路图像上传，但是终端设备应兼容。

（3）各分部、公司各单位应急指挥中心视频会商设备需支持高清模式；各地市、县公司新建系统应按照高清标准建设，现有系统应能够接入到高清系统。

2. 多点控制单元 MCU

多点控制单元的配置数量应根据组网方式确定，符合《会议电视会场系统工程设计规范》（GB 50635—2010）规定，并满足下列基本要求：

（1）多点控制单元应能组织多个终端设备的全体或分组会议，对某一终端设备送来的视频、音频、数据、信令等多种数字信号广播或转送至相关的终端设备，且不应劣化信号的质量。

（2）多点控制单元应满足 ITU-T H.323 视频标准，应能够召开不低于 1080P（25/30fps），并向下兼容 1080i（25/30fps）、720P（25/30fps、50/60fps）的高清电视会商，同时应能够召开分辨率不低于 CIF、4CIF 及以上的标清电视会商。

（3）多点控制单元应满足 ITU-T H.263、ITU-T H.264 等 ITU-T 视频标准，应满足 G.711/G.722/G.719 或 MPEG-4 AAC-LD 立体声音频标准，应满足 ITU-T H.239 动态双流标准。

（4）多点控制单元应支持最少 3 级级联组网和控制。

（5）同一个多点控制单元应能够同时召开不同传输速率的视频会议。

（6）多点控制单元应支持会议召集和会议控制功能。

3. 视频会议终端

视频会议终端配置应根据组网方式确定，并满足下列基本要求：

（1）视频会议终端应支持 ITU-T H.323、ITU-T H.263、ITU-T H.264 等协议标准。

（2）视频会议终端应支持 ITU-T H.239 双流协议，具备双流输入输出功能。

（3）视频会议终端应支持不低于 1080P（25/30fps），并向下兼容 1080i（25/30fps）、720P（25/30fps、50/60fps）高清图像格式。

（4）视频会议终端应支持不低于 CIF、4CIF 标清图像格式。

（5）视频会议终端音频编码应支持 ITU-T G.711、G.722、G.722.1、G.719 或 MPEG-4 AAC-LD 协议。

（6）视频会议终端应具备 IP 接口，可提供 E1 接口，并满足相关标准规范要求。

（7）视频会议终端视频输入/输出信号应支持 RGBHV、DVI-I、DVI-D、HD-SDI 等接口中的一种或多种。

（8）视频会议终端应具备高清视频输入输出接口、双流输入输出接口，宜具备标清视频输入输出接口。

4. 电视墙服务器

配置多点控制单元（MCU）的应急指挥中心会场，宜配置电视墙服务器，实现对分会场的预览和观看。电视墙服务器应满足下列基本要求：

（1）电视墙服务器应配置最少 4 路输出接口，每路输出可以独立显示单个会场。

（2）电视墙服务器应支持 ITU-T H.264、ITU-T H.239 协议标准，支持 1080P、720P 图像格式，画面清晰流畅。

（3）电视墙服务器应支持单屏轮询和分屏轮询模式，轮询模式下，轮询对象和轮询时间可调整。

（4）电视墙服务器应支持分屏模式，每个单画面任意选择显示会场、会议过程中分屏模式可切换。

（5）电视墙服务器应支持多组会议模式，不同会议的会场可同时显示在同一电视墙上。

（五）视频采集及显示系统

1. 视频采集部分

（1）摄像机。应急指挥中心应配置摄像机设备用于应急指挥中心视频图像的采集，应急指挥中心摄像机应符合下列规定：

1）指挥中心会场应设置至少 1 台摄像机，摄像机设置应满足摄取发言者图像和会场全景需求。

2）摄像机宜配置云台及摄像机控制设备，云台支撑装置应牢固、平稳。

3）摄像机视频信号分辨率最少应兼容 1080i、720P 图像格式，刷新率应与主显示设备相匹配；视频输出口可采用 DVI-I、RGB、HD-SDI 接口中的一种或多种。摄像机应根据指挥中心会场的大小和安装位置配置变焦镜头，光学变焦宜不小于 10 倍。

4）摄像机应能够被中控系统控制，控制接口宜采用 RS-232、RS-422 或 RJ-45。

（2）其他视频源。指挥中心其他视频源应包括视频会议终端视频源设备，可包括应急通信车视频源、计算机信号、DVD、有线电视信号等视频源设备。指挥中心其他视频源应符合下列规定：

1）视频会议终端设备应符合有关要求，视频输出接口宜与视频矩阵输入接口相匹配。

2）计算机视频信号源的接口数量及位置应根据指挥中心配置要求确定，视频输出接口宜与视频矩阵输入接口相匹配。

3）应急指挥中心可配置 DVD 设备，DVD 设备输出接口宜与视频矩阵输入接口相匹配。

4）应急指挥中心有线电视信号可采用机顶盒的方式，宜采用视频采集卡通过计算机视频信号输出的方式。

2. 视频处理部分

（1）视频矩阵。指挥中心应配置视频矩阵，实现输入视频信号与输出视频信号间的灵活切换，指挥中心视频矩阵应符合下列规定：

1）视频矩阵应具备将任一路视频输入端信号无损伤切换到任一路/多路视频输出端的功能，且不应劣化视频信号质量。

2）视频矩阵应具备通道隔离功能，防止通道间串扰。

3）视频矩阵至少应具备支持面板手工控制和集中控制系统控制功能。

4）视频矩阵的输入/输出接口可为 DVI、RGBHV、VGA、HDMI、HD-SDI 等中的一种或多种。对于输入/输出接口仅为一种视频格式的视频矩阵，切换时间不高于 0.01s；对于输入/输出接口为两种或两种以上的混合视频矩阵，切换时间不高于 0.02s。

5）视频矩阵应满足不低于 720P、1080P 高清信号切换。

6）视频矩阵输入路数应不少于视频源数量，输出路数不少于显示设备路数。

（2）其他视频处理设备。指挥中心视频其他视频处理设备可根据指挥中心视频传输要求需要配置，主要包括：视频格式转换器、视频分配器、长线放大器等其他视频处理设备，其他视频处理设备应符合下列规定：

1）其他视频处理设备应实现视频信号的无损伤分配、放大与传输。

2）需要在不同显示设备显示同一视频信号时，可配置视频分配器设备。

3）视频信号传输距离超过视频信号可靠传输的长度时，应配置长线放大器设备，长线放大器设备不应劣化视频信号质量。

4）应急指挥中心需要在不同视频格式的接口之间实现连接时，应根据具体需要配置视频格式转换器设备，视频格式转换器设备应实现不同视频信号的无损切换。

3. 视频显示部分

（1）主显示设备。应急指挥中心主显示设备主要为大屏幕设备，应急指挥中心可根据功能要求采用 DLP 拼接、PDP 拼接、LCD 拼接、LPD 拼接屏幕中的一种或多种，也可根据实际需要采用液晶显示屏幕、等离子显示屏幕、LED 显示屏幕、投影仪中的一种或多种。主显示设备应符合下列规定：

1）主显示设备的设置应根据指挥中心会场的形状、大小、高度等具体条件，使参会者处于屏幕显示器视角范围之内。

2）主显示设备与参会者之间应无遮挡，应使参会者能清晰地观看到屏幕内容。

3）在海拔小于或等于 2200m 时，可采用 DLP、PDP、LCD、LPD、LED 等显示设备；当海拔大于 2200m 时，不应采用 PDP 显示设备。

4）采用前投影作为主显示设备时，应采用低噪声的投影仪产品。

5）主显示设备应支持不低于 720P、1080P 显示，最大刷新率不低于 60Hz。

（2）辅助显示设备。应急指挥中心应根据功能要求配置辅助显示设备，实现对主显示设备的补充显示。辅助显示设备主要包括视频监视器、桌面电脑显示器等设备。辅助显示设备数量宜根据本地实际情况确定。辅助显示设备应符合下列规定：

1）桌面电脑显示设备应具备 VGA、DVI-I、DVI-D 接口，辅助显示设备输入接口与视频矩阵输出接口不匹配时，应配置视频转换器设备。

2）指挥中心应在控制室配置视频监视器，视频监视器输入信号接口宜兼容视频矩阵输出接口，视频监视器输入信号接口与视频矩阵输出接口不兼容时，应配置视频转换器设备。

（六）集中控制系统

集中控制系统应满足下列规定：

（1）集中控制系统应采用模块化控制，各子系统能够独立操作。

（2）集中控制系统可控制摄像机设备、视频会议系统设备、视频矩阵设备、主显示设备等。

（3）集中控制系统应能设置不同模式，实现联动功能。

（七）录播系统

录播系统应符合下列规定：

（1）录播系统应支持 2 通道及以上音视频信号的录制。

（2）录播系统视频输入接口宜与视频矩阵输出端口相匹配，支持高清格式，不低于 1080P，并向下兼容 1080i、720P 等视频显示格式。

（3）录播系统音频应满足 ITU-T G.711/G.722/G.719 或 MPEG-4 AAC-LD 立体声音频标准。

（4）录播系统应支持实时直播、同步录制、远程导播、在线点播等功能。

（八）日常办公设备

应急指挥中心日常办公设备宜由计算机、电话机、传真机、打印机、复印机、扫描仪等设备组成，保证应急及日常办公的需要。具体配置应符合下列规定：

（1）计算机数量宜不少于应急指挥中心指挥区席位数量，并根据本单位具体需求划分相应数量的内网计算机及外网计算机。

（2）可根据具体需求配置一定数量的笔记本电脑。

（3）指挥区电话机数量应满足应急指挥的需要且不少于 2 台，值班区应配置至少 1 台电话机，其他区域根据具体需求配置电话机。

（4）传真机、打印机、复印机、扫描仪均不应少于 1 台。

（5）可配置碎纸机 1 台。

（6）宜配备一定数量的书写用具，包括笔、纸、笔记本等。

三、应用系统

（一）架构

应用系统架构应符合下列规定：

（1）架构设计应遵循平台化、组件化、开放式设计原则，实现统一的数据交换、统一的接口标准、统一的安全保障。

（2）应急指挥中心应用系统应采用 SOA 架构，采用组件化设计思路，采用基础架构服务层、数据访问层、业务逻辑层、应用服务层和展现层的逻辑分层。

（3）应采用 B/S 架构。

（二）软件环境

应用系统软件环境应符合下列规定：

（1）应采用 J2EE 技术。

（2）应采用标准开放操作系统。

（3）应采用大型数据库管理系统。

（4）应采用工业标准 J2EE 应用服务器。

（三）应用系统性能要求

应用系统性能应符合下列要求：

（1）并发用户数不低于 100。

（2）系统年可用率不低于 99.9％。

（3）具备冗余备份，系统故障恢复时间不高于 1h。

（4）信息浏览平均响应时间：本地不高于 3s，远程不高于 5s。

（5）系统存储容量不低于 3 年。

（6）系统主要服务器平均负载率不高于 50%，尖峰负载率不高于 80%。

（四）应急指挥中心信息接入

1. 电网信息接入

应急指挥中心电网信息接入应符合下列规定：

（1）国家电网公司总部、各分部应接入 500kV（330kV）及以上、各省（自治区、直辖市）电力公司应接入 220kV 及以上、重点城市供电企业应按管理范围和实际需要接入 10kV 及以上电网运行相关信息及电力设施信息。

（2）应由 EMS 人机终端展示 EMS 信息，远程访问需通过调度数据通信网采用远程图形终端方式或 KVM 方式实现。

（3）线路、变电站、杆塔等电力设施基础信息、故障信息及停运信息宜通过数据中心接入的方式将运检部门相关数据接入应用系统进行集中展示。

（4）接入线路、变电站、杆塔等电力设施视频信息宜通过界面接入的方式由统一视频平台接入应用系统进行集中展示并应具备逐级（地市—省—总部）汇集功能。

（5）电网地理信息接入应采用国网统一 GIS 平台，并以此为基础显示相关内容。

（6）OMS、生产、营销、物资等相关信息系统应实现 WeB 接入。

2. 抢修资源信息接入

应急指挥中心抢修资源信息接入应符合下列规定：

（1）应急物资仓库信息、应急物资信息宜通过数据中心接入的方式将物资部门相关数据接入应用系统进行集中展示。

（2）应急物资仓库视频信息宜通过界面接入的方式由统一视频平台接入应用系统进行集中展示。

（3）指挥车、抢修车、应急发电车等特种车辆 GPS 信息及北斗定位信息宜通过数据中心接入的方式将车辆管理部门相关数据接入应用系统进行集中展示。

（4）车辆管理系统应能实现 Web 接入。

3. 外部信息接入

应急指挥中心外部信息接入应符合下列规定：

（1）可从本地气象部门获取温度、湿度、风速、风向、气压、雨量等基本气象信息，通过 Web 服务方式完成信息接入。

（2）可通过 Web 服务方式接入气象部门发布的卫星云图信息。

（3）可从本地气象部门获取台风信息通过 Web 服务方式完成信息接入。

（4）可通过 Web 服务方式接入和查询公司内外应急重要事项、应急动态等信息。

（5）可通过 Web 服务方式完成气象灾害、火灾、水灾、地震、地质灾害、新闻、交通信息等外部信息的接入。

（6）可通过专线方式实现与政府应急指挥部门音视频应急信息互通功能。

四、国家电网公司系统应急指挥中心整体联动

为确保已经建成投运的公司系统应急指挥中心能够发挥应有作用，有效应对各类突发事件，国家电网公司于 2019 年夏季组织开展了公司系统应急指挥中心迎峰度夏暨华东区

域应急指挥中心防汛抗台风联合演练。本次演练是总部及 30 个网省公司应急指挥中心建成后，首次开展的大规模联合演练，也是迄今为止公司举行的最大规模的应急指挥联合演练。国家电网公司总部、30 个网省公司及下属 300 余家基层单位，共 3200 余人参加了演练。

演练以电网迎峰度夏为背景，总部和华东区域以防汛抗台风为演练主题，其余各单位结合实际，设置了相应的演练主题，如北京市电力公司的主题为新中国建国 70 周年保电，河南省电力公司的主题为特高压电网安全稳定运行等。

华东区域演练背景设置为浙江、福建遭受超强台风袭击，浙江、福建、华东公司电网设施大范围损毁，有关单位启动Ⅰ级应急响应，迅速开展电网抢修。但由于灾害巨大，浙江、福建公司自身处置能力已无法保证电网短时间内抢修恢复，提出支援请求。总部启动Ⅱ级应急响应，授权华东公司组织指挥华东区域各单位，全面开展电网抢修恢复工作。

演练分为预警与准备、响应与联动、处置与协同、恢复与终止四个阶段，采用应急指挥中心联动，桌面推演为主，视频监控、应急通信传送现场实景为辅的方式。从预警通知的发布，到预警响应，灾情信息的上报；从启动应急响应，组织抢险救灾，到电网抢修恢复的评估和应急状态的解除，演练涵盖了突发事件的全过程。持续近两个小时的演练，很好地检验了公司系统应急指挥中心各功能模块的使用情况和突发事件情况下应急机制的运转情况，提高了各网省公司应对和处置突发事件的能力。

演练评估组组长、中国科学院科技政策与管理研究所副研究员陈安博士表示，国家电网公司打造了高效实用的应急指挥平台，显示了国家电网公司应急体系建设的成果，对于其他行业和区域应急演练具有重要的示范和借鉴作用。

国家电网公司要求各单位要以此次联合演练为契机，进一步推进应急管理各项工作，充分发挥应急指挥中心在应急工作中的重要作用。公司启动应急指挥中心建设，旨在充分整合现有的信息、通信等资源，采用现代信息技术，建立集应急日常管理和突发事件处置指挥于一体，高度智能化的应急系统，构建平战结合、预防为主的应急指挥平台。公司系统各应急指挥中心严格按照公司制定的《国家电网公司应急指挥中心建设规范》（Q/GDW 1202—2015）的要求建设，每个应急指挥中心都包括场所、基础支撑系统、应用系统三部分，具备信息汇集、视频会商、辅助决策、日常应用等功能，实现了与政府相关部门的信息互联，可在指挥重大保电活动、处置大面积停电等各类突发事件和社会应急救援工作中发挥重要作用。

第二节　机动应急通信系统技术要求

一、总体技术原则

电力机动应急通信系统在建设管理方面，应遵循"统一规划、规范建设"的原则，即统一系统网络规划、统一卫星技术体制、统一卫星频率管理、统一卫星端站调用、统一卫星电话管理的"五统一"原则。在运行管理方面，应遵循"集中管理、分级维护"的原则。具体为：

（一）统一系统网络规划

电力应急通信系统的建设，应遵循国网公司总部统一网络规划，即统一规划卫星组网方式、统一规划卫星子网划分、统一 IP 地址分配原则、统一网络安全要求，实现应急通信系统统一组网。

（二）统一卫星技术体制

电力应急通信系统的卫星技术体制均采用 DAMA/SCPC 方式的 FDMA 技术体制，选用卫星 MODEM 应能纳入国网总部应急通信系统调管。

（三）统一卫星频率管理

电力应急通信系统建立国家电网公司总部、四川两个卫星频率资源共享带宽池，两个资源池内的卫星频率资源由总部、四川分别开展统一调配，各单位使用频率资源需向公司总部申请，统一分配后使用。

（四）统一卫星远端站调用

电力应急通信系统所有移动端站均由国网中心站或四川中心站按"就近、可用"的原则统一调用。

（五）统一卫星电话管理

按照"系统审批、终端备案"的原则，卫星电话按需采购、定期报备，按国网公司卫星电话维护规定的相关要求做好日常维护保管。卫星电话实行分级调用，区域内调用由各单位自行组织；跨区域调用由总部本着"就近、可用"的原则统一组织。

二、卫星通信子系统

（一）应急卫星通信设计要求

（1）应提供标准的 IP 数据平台，可承载 VoIP（Voice over Internet Protocol）语音、数据、图像、多媒体等多种类型的业务，满足应急通信业务量、通信质量、响应时间等要求。VoIP 是一种以 IP 电话为主，并推出相应的增值业务的技术。VoIP 主要有以下三种方式：

1）网络电话。完全基于 Internet 传输实现的语音通话方式，一般是 PC 和 PC 之间进行通话。

2）与公众电话网互联的 IP 电话。通过宽带或专用的 IP 网络，实现语音传输。终端可以是 PC 或者专用的 IP 话机。

3）传统电信运营商的 VoIP 业务。通过电信运营商的骨干 IP 网络传输语音。提供的业务仍然是传统的电话业务，使用传统的话机终端。通过使用 IP 电话卡，或者在拨打的电话号码之前加上 IP 拨号前缀，这就使用了电信运营商提供的 VoIP 业务。

（2）应采用 VSAT 系统，宜采用 Ku 波段，可采用 C 波段；选择 Ku 波段，应根据应用区域的雨衰损耗情况，预留卫星信号覆盖链路预算的雨衰裕量；应急卫星通信不宜采用雨衰损耗大的 Ka 波段。

（3）租用的卫星频段应是该系统专用频段，不应与其他卫星系统共享使用。

（4）应具有独立的网络监控和管理能力，设备便于操作和维护。

（5）应具有较好的灵活性和较强的适应能力，能适应网络规模扩张、业务量的增长和新业务的增加等变化的需求。

（6）应具备信息安全防护及保密能力。

（二）卫星网络组成

卫星网络由卫星转发器、主站和远端站组成，如图 4-2-1 所示。其中远端站包括固定端站、便携站（可搬移式卫星通信站）和车载站（含静中通或动中通）三种。

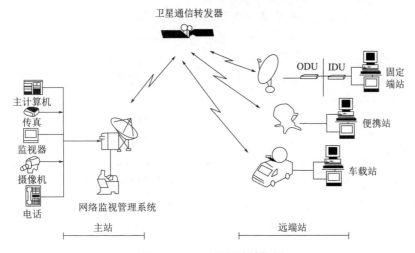

图 4-2-1　卫星网路结构图

（三）电力应急卫星通信系统结构

电力应急卫星通信系统可根据网络规模选择采用三层或两层网络结构。中心主站、分中心站宜设置在调度控制中心或应急指挥中心，子站宜设置在各灾区应急厂站、突发事件应急现场等位置。

（四）电力应急卫星通信系统要求

（1）电力应急卫星通信系统应支持修改配置或增加卫星调制解调器等方式，实现任意两站之间的直接通信。

（2）电力应急卫星通信系统宜采用 SCPC/DAMA 体制，可采用 TDM/TDMA 或 MF-TDMA 体制，不同体制卫星系统可通过地面通信网络互联互通。设计应根据实际使用需求、卫星覆盖范围、卫星站并发比例，选择适用的卫星系统及租用相应带宽。

（五）卫星通信站要求

（1）卫星通信站应保证天线前向的各种设施不影响 VSAT 主站天线的电气特性；当卫星通信站工作在 C 波段时，VSAT 主站天线在静止卫星轨道可用弧段内的工作仰角与天际线仰角的夹角不宜小于 5°；当卫星通信站工作在 Ku 波段时，地球站天线在静止卫星轨道可用弧段内的工作仰角与天际线仰角的夹角不宜小于 10°。

（2）卫星通信站站址的电磁环境不影响相应卫星的业务，来自地面和空中的干扰源所产生的电磁干扰应符合现行国家标准。《地球站电磁环境保护要求》（GB 13615）规定：严禁对周围环境带来污染危害，卫星天线对附近居民产生的辐射值应符合现行国家标准《电磁环境控制限值》（GB 8702）和《环境电磁波卫生标准》（GB 9175）的相关规定。

（3）卫星通信站由天线、高功率放大器、低噪声放大器，上下变频器、信道终端设备、监控设备及连接组件等部分组成。

（六）卫星通信站设备的配置要求

（1）卫星设备应采用模块化、积木化、插件化结构，面板应配有仪表、插孔、调节键及测试线（卡）。室外安装设备宜采用一体化结构。

（2）功率放大器输出功率的大小应根据卫星系统业务类型、性能指标要求、远期规划、地理位置、天线增益等因素确定，应支持动态功率调整功能。

（3）低噪声放大器选择应根据卫星系统的链路性能要求，天线性能等因素确定。

（4）上/下变频器选择应根据卫星系统的工作频段、内向载波的数量等因素确定。

（5）主站的功率放大器、低噪声放大器、上变频器宜配置 1:1 的工作方式。

（七）卫星通信站天线配置要求

（1）卫星天线应选择结构简单、牢固可靠、安装、维护方便、电气性能良好的环焦天线。

（2）天线尺寸的大小应根据卫星轨道参数、卫星站地理位置、业务带宽、接收机性能、衰减裕量等因素，通过卫星链路计算来确定。Ku 波段链路设计衰减裕量内陆地区不低于 5dB；沿海台风频发地区不低于 8dB；C 波段链路设计衰减裕量不低于 3dB。

（3）天线应满足信号增益要求，主站 Ku 波段天线宜选择 4.5m 及以上，C 波段天线宜选择 8m 及以上；固定端站 Ku 波段天线宜选择 1.8m 及以上，C 波段天线宜选择 3m 及以上。

（4）卫星天线采用浇注混凝土固定安装方式安装。冰灾区卫星天线应配置加热器等融冰装置。

（八）卫星通信站系统要求

卫星通信站系统应符合现行国家标准《国内卫星通信地球站总技术要求》（GB/T 11443）、《国内卫星通信地球站发射、接收和地面通信设备技术要求》（GB/T 11444）和《国内卫星通信地球站终端设备技术要求》（GB/T 11445）等系列标准。

（1）卫星通信主站系统应配置独立管理系统，应支持故障管理、性能管理、配置管理、安全管理等功能。

（2）卫星通信站的防雷接地系统应符合现行国家标准《建筑物防雷设计规范》（GB 50057）、《建筑物电子信息系统防雷技术规范》（GB 50343），现行行业标准《电力系统通信站过电压防护规程》（DL/T 548）的有关规定，按照第二类防雷房屋建筑进行设计和建设。

（3）卫星站的输送点线路及进站电缆线路的防雷接地，应符合现行行业标准《通信电源设备安装工程设计规范》（YD/T 5040）的有关坝定。

（4）卫星系统允许的误比特率应符合或优于下列规定：

1）传输语音业务时，平均每分钟误码率不应超过 1×10^{-3}。

2）传输数据业务时，平均每分钟误码率不应超过 1×10^{-6}。

（九）移动卫星终端和手持式移动卫星电话选用要求

1. 选用原则

移动卫星终端和手持式移动卫星电话选用宜遵循覆盖良好、业务灵活、简单便携、安全可靠的原则，如海事卫星（Inmarsat）系统、舒拉亚卫星（Thuraya）系统、中国北斗卫星导航系统等。

2. 海事卫星（Inmarsat）系统

Inmarsat 通信系统的空间段由四颗工作卫星和在轨道上等待随时启用的五颗备用卫星组成。这些卫星位于距离地球赤道上空约 35700km 的同步轨道上，轨道上卫星的运动与地球自转同步，即与地球表面保持相对固定位置。所有 Inmarsat 卫星受位于英国伦敦 Inmarsat 总部的卫星控制中心（NCC）控制，以保证每颗卫星的正常运行。最早的 GEO 卫星移动系统，是利用美国通信卫星公司（COMSAT）的 Marisat 卫星进行卫星通信的，它是一个军用卫星通信系统。20 世纪 70 年代中期，为了增强海上船只的安全保障，国际电信联盟决定将 L 波段中的 1535～1542.5MHz 和 1636.3～1644MHz 分配给航海卫星通信业务，这样 Marisat 中的部分内容就提供给远洋船只使用。1982 年形成了以国际海事卫星组织（Inmarsat）管理的 Inmarsat 系统，开始提供全球海事卫星通信服务。1985 年对公约作修改，决定把航空通信纳入业务之内，1989 年又决定把业务从海事扩展到陆地。1994 年 12 月的特别大会上，国际海事卫星组织改名为国际移动卫星组织，其英文缩写不变仍为"Inmarsat"。目前已是一个有 79 个成员国的国际卫星移动通信组织，约在 143 个国家拥有 4 万多台各类卫星通信设备，它已经成为唯一的全球海上、空中和陆地商用及遇险安全卫星移动通信服务的提供者。中国作为创始成员国之一，由中国交通运输部和中国交通通信信息中心分别代表中国参加了该组织。

3. 舒拉亚卫星（Thuraya）系统

Thuraya（舒拉亚）卫星系统是一个商业化的卫星通信系统。Thuraya 卫星系统地面段包括位于阿联酋的地面网关、网络运营中心以及卫星控制设备。Thuraya 3 卫星于 2007 年 1 月由 Zenit 3SL 火箭从位于太平洋赤道附近的海上发射平台发射，进入地球同步转移轨道。Thuraya 3 卫星是美国波音公司研制的一颗高功率地球同步轨道移动通信卫星，发射重量 5250kg，在轨设计寿命 12 年。该卫星的设计把一颗高功率卫星和地面段以及用户手持设备（手机等终端）综合在一起，可提供覆盖区域内的蜂窝式语音和数据服务。Thuraya 3 卫星由阿联酋 Thuraya 卫星通信公司运营，和另外两颗 44°轨位上服役的 Thuraya 1 及 Thuraya 2 卫星一起共同扩展 Thuraya 移动通信卫星系统的容量。Thuraya 1/2 卫星都由波音公司建造，分别于 2000 年 10 月和 2003 年 6 月由海上发射公司成功发射。Thuraya 卫星通信公司总部设在阿联酋的阿布扎比，其技术领先地区的移动通信卫星系统可以覆盖欧洲、北非、中非、南非大部、中东、中亚、南亚等地的 110 个国家和地区，涵盖全球 1/3 区域，为 23 亿人提供卫星电话服务。欧星卫星终端是全球第一款创造性地整合了卫星、GSM、GPS 三种功能，提供语音、短信、数据（上网）、传真、GPS 定位五种业务的智能卫星电话。按呼叫区域划分资费标准，最低不少于 1 美元/min。

4. 中国北斗卫星导航系统（BeiDou Navigation Satellite System，BDS）

北斗系统是中国自行研制的全球卫星导航系统，也是继 GPS、GLONASS 之后的第三个成熟的卫星导航系统。北斗卫星导航系统（BDS）和美国 GPS、俄罗斯 GLONASS、欧盟 GALILEO，是联合国卫星导航委员会已认定的供应商。

北斗卫星导航系统由空间段、地面段和用户段三部分组成，可在全球范围内全天候、全天时为各类用户提供高精度、高可靠定位、导航、授时服务,并具短报文通信能力,已经初步具备区域导航、定位和授时能力,定位精度为 10m,测速精度为 0.2m/s,授时精度为 10ns。北斗卫星导航系统是全球四大卫星导航核心供应商之一,截止 2020 年 7 月,北斗卫星共有 55 颗北斗导航卫星。北斗系统至今发展共有三代,其中第一代称为"北斗卫星导航试验系统",属于试验性质,自第二代开始的北斗系统被正式称为"北斗卫星导航系统"。北斗一号系统(第一代北斗系统)由三颗卫星提供区域定位服务。从 2000 年开始,该系统主要在中国境内提供导航服务。2012 年 12 月,北斗一号的最后一颗卫星寿命到期,北斗卫星导航试验系统停止运作。北斗二号系统(第二代北斗系统)是一个包含 16 颗卫星的全球卫星导航系统,分别为 6 颗静止轨道卫星、6 颗倾斜地球同步轨道卫星、4 颗中地球轨道卫星。2012 年 11 月,第二代北斗系统开始在亚太地区为用户提供区域定位服务。北斗三号系统(第三代北斗系统)由三种不同轨道的卫星组成,包括 24 颗地球中圆轨道卫星(覆盖全球),3 颗倾斜地球同步轨道卫星(覆盖亚太大部分地区)和 3 颗地球静止轨道卫星(覆盖中国)。北斗三号于 2018 年提前开放了北斗系统的全球定位功能。2020 年 6 月 23 日,北斗三号最后一颗全球组网卫星顺利进入预定轨道,发射任务取得圆满成功。

三、应急通信车辆子系统

(一)应急通信车车型选择要求

应急通信车在满足使用条件的情况下,应选用越野性能强和可靠性较高的车型。应急卫星通信车辆改装应符合现行国家标准《道路车辆外廓尺寸、轴荷及质量限值》(GB 1589)等国家强制性检验标准的规定,应符合现行行业标准《移动通信应急车载系统工程设计规范》(YD/T 5114)等邮电行业标准有关应急移动通信车辆系统设计的要求。

(二)应急通信车整车改装要求

(1)应急通信车在整车的改装中应满足系统易维护性要求。主要设备宜采用 19in 标准机柜安装,且方便检查维护。宜在车厢外侧安装防滑梯,便于对车顶设备进行检修维护。

(2)应急通信车在安装通信设备时,不得对原车发动机和底盘做重大改装。通信设备及其附属设备应与车辆牢固安装,并设减震装置,实现在二级公路上 90km/h 速度急刹车,在碎石路面上以 25km/h 的速度行驶,车内设备不受损坏。

(3)应急通信车应具备良好的机功能力,能够保持系统在四级公路正常行驶和低速越野驾驶时正常工作。

(4)车辆的满载最高行驶速度宜不低于 90km/h。车辆的满载爬坡能力应不小于 25°。

(5)车辆安装通信设备及其附属设备后的底盘间隙应不小于 0.25m,接近角应不小于 25°,离去角应不小于 20°。

(6)车辆转向桥在空载或满载状态下,应分别不小于该车整车装备质量和允许重质量的 20%,汽车在空载、静态的情况下侧倾稳定角不小于 35°。

(7)车辆安装厢体后,整车外廓高度(包含车顶空调、车顶天线系统等)不宜超过 4m,宽度不宜超过 2.5m,整车长度(含驾驶室)不宜超过 12m。

（8）车辆厢体应按照国家相关规范设置厢体外照明灯和示廓灯、应急灯。

（9）车辆厢体应具有良好的密封性，密封门、天线顶板洞及馈线孔等应防雨、防尘。车辆厢体应隔热，总传热系数不大于 $0.4W/(m \cdot K)$。

（10）车辆厢体外应配备外部系统连接用接口盘，接口盘上应标明相应的接口类型，并具有良好的密封性，能较好地防雨防尘。

（三）应急通信车平衡系统的平衡支腿要求

应急通信车辆宜配置平衡系统以保证车辆停放时的水平及稳定。平衡系统的平衡支腿符合下列要求：

（1）单腿承载能力不小于车辆总重量的 1/2。

（2）所有支腿可同时升降，也可单腿升降。

（3）可以采用系统锁定，也可机械锁定。

（4）支腿离地高度不小于 300mm。

（5）能满足四级公路、5%坡度上的调平要求。

（6）长期使用，车身在各方向上的偏差小于 10mm。

（四）应急通信车辆厢体内部分区要求

应急通信车辆厢体内部宜根据需要分割为主通信设备区和天线塔升降塔等辅助设备区，如果装备有发电机组，则还要分割出单独的发电机工作区，并应采取隔震、隔声、消声措施。

（五）应急通信车辆控制系统要求

应急通信车辆宜设置控制系统，可实现对天线桅杆（塔）（升降）、平衡系统、天线方向（俯仰）调节机构、柴油发电机及防雨顶盖的自动控制，可实现在外市电突然断电时，自动启动柴油发电机供电。控制系统应具备良好的操作方式和控制方式，能够清晰显示各系统的工作状态。

四、通信通道子系统

（一）机动应急通信系统通道子系统要求

（1）机动应急通信系统宜分别配置不同电信运营商的无线接入终端，无线终端将语音、数据、图像等业务，通过公网运营商无线网络连接到应急指挥中心。

（2）应急通信车可配置有线通信系统及接口，包括光纤通信、数据通信。条件允许情况下，可通过外接光缆和网线接入地面通信网络。

（3）应急通信车可配置车载短波电台与天线，实现与应急指挥中心远距离语音通信。

（4）应急通信车宜配置无线集群通信系统，包括车载集群基站、基站控制器、调度台、车载台、手持机等部分。以车载集群基站为中心，实现 3～5km 范围内的集群对讲通话，并应实现个呼、组呼、全呼等功能。

（5）应急通信车应配置网络交换设备，汇聚有线和无线接入的数据终端，网络交换设备应支持 IEEE802.3 标准。宜配置 VoIP 语音网关，汇聚有线和无线方式接入的话音终端。应急、现场的数据应通过安全防护设备进入电力企业数据网。

（6）应急通信车可配置专用 3G/4G 无线系统，包括核心网设备、无线基站（含便携式和车载基站）和无线终端等。系统采用国家或地方无线电管理单位批准的频率，无线发射设备应具备工信部核发的无线电发射设备型号核准证。可采用核心网和无线基站一体化设备，采用全向天线单扇区覆盖模式，车载基站天线升降高度宜大于 10m。

（二）集群通信系统要求

集群通信系统宜采用数字集群技术体制，无线集群通信系统技术要求应符合现行行业标准《数字集群通信工程设计暂行规定》（YD/T 5034）、《数字集群移动通信系统体制》（SJ/T 11228）、《基于 GSM 技术的数字集群系统总体技术要求》（YDC 030）、《基于 CDMA 技术的数字集群系统总体技术要求》（YDC 031）和 PDT 数字集群通信系统相关技术规范等标准。

（三）单兵系统要求

（1）应急通信车宜配置无线图像传输系统（简称"单兵系统"），主要包括车载接收端和单兵发射端两部分。单兵系统由摄像机、单兵发射机、车载接收机、电池、天馈、附件等组成，可接入车载音视频子系统。

（2）单兵系统发射机与接收机之间通过微波无线链路互联，系统工作频段为 0～500MHz、500～800MHz，射频带宽为 1.25～8MHz。根据需求，发射机和接收机的数量比例可配置为单发单收、多发单收等。多发单收方式要求接收机配备多集天线，能同时接收多路发射机的信号，并相应支持多路音视频输出接口。

（3）单兵系统应实现以车为中心 1～3km 范围内的无线覆盖区，接入背负式无线摄像终端的图像和声音信号。

（四）单兵系统功能要求

（1）发射机和摄像机应易于单兵背负携带，重量（含电池）不宜超过 3kg。

（2）工作频段应符合当地无线委员会的要求和通信车电磁兼容的要求（频率范围在 300MHz～5.8GHz）。

（3）在视距条件下传输距离不低于 10km，非视距条件下传输距离不低于 1km。

（4）发射机、接收机可手动或自动选择频点、信道带宽和收发功率，以达到最佳传输效果；最大信道带宽不应低于 2M，最大发射功率不宜低于 5W。

（5）发射机应支持音频输入输出接口，外接拾音器、耳麦等音频设备。在传输音视频的同时可实现车载端与单兵的双向语音通话。

（6）发射机、接收机宜支持 RJ-45 以太网接口和通信加密功能。

（7）发射机和摄像机的电池容量应支持连续工作 3h 以上，宜支持电池容量显示。

（8）发射机宜支持 GPS 定位、报警按钮。

（9）视频分辨率宜不低于 704×576，视频编码标准遵循 H.263、H.264、MPEG 系列、DVB-T 等通用标准，并与应急通信车主站一致，支持同步声音采集传输。

（10）摄像机应支持夜摄和防抖功能。

五、音视频业务子系统

应急通信车应配置音视频子系统，主要包括音视频采集设备、音视频矩阵及分配设备、音视频播放设备、视频会议终端、音视频存储设备，及调音台、功放等其他辅助设备。

（1）应急通信车图像采集系统主要由车内摄像机、车顶摄像机（带升降杆和云台）组成。车内安装云台控制器，对车内摄像机及车顶摄像机进行控制。

（2）应急通信车音视频矩阵、分配器支持在各路输入、输出的音视频信号之间任意的进行切换．应支持高、标清信号切换。

（3）应急通信车视频会议终端应与应急指挥中心视频会议系统兼容，支持下列功能：

1）连接会议用摄像机，将通信车内或车外的会议现场图像接人应急指挥中心，与应急指挥中心进行双向音视频交流。

2）将通过无线单兵回传或车外摄像头采集的图像实时传送给指挥中心视频会议系统，使指挥人员实时了解现场状况。

3）通信车车内视频会议终端作为视频会议系统的一个分会场加入到视频会议系统中，可召开多方视频会议。

六、辅助支撑子系统

（一）应急通信车宜配置车载集中控制系统

应急通信车宜配置车载集中控制系统，将各种电子设备的控制操作通过统一的界面，实现对车载各类通信、音视频、电源、告警、传动等系统设备的综合控制功能。

（二）应急通信车应配置车载导航定位系统

应急通信车应配置车载导航定位系统，宜采用北斗和 GPS 卫星双模系统，北斗系统宜支持卫星短信通信功能。

（三）应急通信车供电方式

应急通信车宜具备发电机、市电、不间断电源三种供电方式，如图 4-2-2 所示。

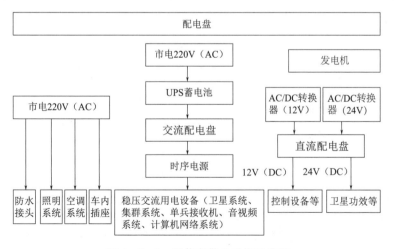

图 4-2-2　通信车供电系统组成图

应急通信车供电方式主要包括 UPS 电源、发电机、外市电接口、供配电系统等，主要通信设备的电源宜采用 UPS 供给。UPS（满载）蓄电池供电时间不小于10min，发电机宜配置专用发电机，车内供电系统宜配置外接面板接口从外取电或向外部供电，供电系统应配备接地设备与车体相连，车上可配备折叠太阳能蓄电设备。

第三节 网络及信息系统安全管理办法

一、网络及信息系统安全管理基本要求

电力应急通信系统涵盖着电力通信、信息及网络系统的诸多内容，同时应遵守国网公司网络及信息系统安全管理基本要求。

（1）国网公司网络安全管理工作涵盖规划、建设、测评、运行、数据、人员、技术和检查考核等方面，实行全过程闭环管理。

（2）公司网络安全管理坚持"三同步"的原则，保证网络安全技术措施"同步规划、同步建设、同步使用"，遵循国家网络安全等级保护制度，做好系统等级保护定级、备案、测评与整改工作。

（3）信息系统安全防护坚持"可管可控、精准防护、可视可信、智能防御"的总体安全策略，遵照"十三五"规划信息通信保障体系及《国家电网公司网络安全顶层设计》的要求执行。并遵照《电力监控系统安全防护规定》（国家发展与改革委员会 2014 年第 14 号令）和国家能源局相关配套文件的要求执行。

二、网络及信息系统运行安全管理

1. 接入安全管理要求

（1）应严格按照等级保护、安全基线规范以及公司网络安全总体防护方案要求控制网络、系统、设备、终端的接入。

（2）各类网络接入公司网络前，应组织开展网络安全评审，根据其业务需求、防护等级等明确接入区域；应遵照互联网出口统一管理的要求严格控制互联网出口，禁止私建互联网专线。

（3）信息内外网办公计算机接入公司网络前，应安装桌面终端管理系统、保密检测系统、防病毒等客户端软件，确保满足公司终端安全基线与计算机保密管理要求。应采用安全移动存储介质在信息内外网计算机间进行非涉密数据交换。严禁办公计算机及外设在信息内外网交叉使用。

（4）加强非集中办公区域的内网接入安全管理，严格履行审批程序，按照公司集中办公区域相关要求落实网络安全管理与技术措施，信息内网禁止使用无线网络组网。

（5）加强用户真实身份准入管理。为用户办理网络接入、终端接入、信息发布和服务开通等业务，在与用户签订协议或确认提供服务时，应要求用户提供真实身份信息。

2. 运维安全管理要求

（1）加强机房出入管理，对机房建筑采取门禁、值守等措施，防止非法进入。加强机房登记管理，外来人员进入机房应由相关管理人员全程陪同，相关操作应有审计和监控。

（2）对外提供服务的场所区域，应加强对终端、设备及网络接口的安全管理。在遵循公司现有终端安全防护要求的基础上，应根据场所区域的特殊性，强化对终端及网络的安全基线配置，防止非法接入公司信息网络事件的发生。

（3）规范账号权限管理，系统上线试运行前，信息系统建设单位应向运维单位（部门）移交所掌握的账号与权限。按照最小权限原则为信息系统运维人员分配账号，确保不同角色的权限分离。

（4）规范账号口令管理，口令必须符合公司账号口令强度要求，并定期更换口令。

（5）强化公司网络与信息系统漏洞及补丁的管理工作，运维单位（部门）做好运行期间的系统漏洞发现、问题反馈、漏洞修复和复查。

（6）应通过签订合同、协议等方式，要求网络与信息系统承建厂商、服务厂商为其产品、服务持续提供安全维护，在规定或者当事人约定的期限内，不得终止提供安全维护。发现其网络产品、服务存在安全缺陷、漏洞等风险时，应立即采取补救措施，及时告知用户并向网络安全归口管理部门报告。

（7）加强远程运维管理，不得通过互联网或信息外网远程运维方式进行设备和系统的维护及技术支持工作。内网远程运维应履行审批程序，并对各项操作进行监控和记录。

（8）落实无线终端（包括无线采集终端、移动作业终端、个人移动终端等）备案、接入、加固、运维、应急和损坏丢失处理要求，强化无线终端的选型与安全测试。

（9）落实移动应用（包括内网移动作业应用，互联网移动 APP 应用，微信微博公众号等）备案、测试、接入、发布、监测、运维与应急工作要求，强化移动应用业务接口、内容与数据安全。

（10）深化网络安全监测手段。建立实时监测与威胁情报分析体系，健全网络安全统一监测机制，落实网络安全监测预警、指标发布及深化治理工作。

（11）加强安全审计工作。实现对主机、数据库、中间件、业务应用等的安全审计，做到事中、事后的问题追溯，记录网络与信息系统运行状态、安全事件，留存相关日志不少于六个月。

（12）按照综合协调、统一领导、分级负责的原则，建立网络安全应急机制，优化完善应急预案，落实常态应急演练工作，做好应急保障工作。

（13）严格执行网络安全事故通报制度，做好节假日和特殊时期的安全运行情况报送工作。

（14）系统下线应进行全面评估，确认系统下线后的残留风险以及是否对其他系统造成影响，下线后应撤销备案并腾退设备。报废设备的关键存储部件应进行数据擦除和销毁处理。

三、网络及信息系统安全技术管理

1. 制定公司网络安全技术标准体系

（1）依据国家相关法律、法规及技术发展要求，制定公司网络安全技术标准体系。

（2）开展信息技术供应链安全管理工作，做好软硬件设备选型和安全测试工作，逐步实现核心系统的自主可控。

（3）商用密码产品的配备、使用和管理等，严格执行国家商用密码管理的有关规定，应优先选用国密技术，如确需使用非国密算法，需按照公司要求进行评估与审批。

（4）应对网络产品和服务的安全性、可控性进行审查。采购网络产品和服务，应与提供者签订安全保密协议，明确安全保密义务与责任。

2. 妥善管理网络安全技术资料

（1）各业务部门、公司各单位应妥善管理网络安全技术资料，包括实施方案、安全防护方案、网络拓扑图、测试评估报告、配置文件、故障处理记录等，做好技术资料的保密工作。

（2）加强大数据、云计算、物联网、移动互联、可信计算、量子保密通信、区块链、人工智能等方面的网络安全技术研究与应用，强化对新技术的检测、验证、评估及审核，主动防范和化解新的安全风险。

3. 建立稳定、专业的技术支撑队伍

（1）针对各类网络安全威胁，建立稳定、专业的技术支撑队伍，从研发安全、安全检测、防病毒管理、数据安全、漏洞补丁管理、隔离与准入、红蓝对抗、安全监控、应急恢复等方面开展专项技防能力建设，实现技术手段和管理措施的有效融合，实现内外部综合协同、资源共享和整体联动，提升公司网络安全协同防御和体系对抗能力。

（2）充分发挥红队、蓝队、督查、信息系统建设等专业队伍作用，开展风险研判、情报共享、态势分析、漏洞消缺、监督核查、通报考核等工作。

复 习 思 考 题

1. 电力应急通信指挥系统的总体规划建设应满足哪些要求？

2. 电力应急通信指挥系统的技术支撑系统都包括哪些内容？

3. 应急指挥中心信息内外网应符合哪些规定？综合布线系统应符合哪些规定？

4. 电力应急通信系统的建设管理原则是什么？

5. 电力应急通信系统的管理部门和单位有哪些？其职责分工是怎样的？

6. 电力应急通信系统的管理部门和单位的主要职责是什么？

7. 电力机动应急通信系统建设管理的基本原则是什么？

8. 申请新建或改造电力机动应急通信系统的条件是什么？

9. 什么是电力应急通信系统中的中心通信站？有什么特点？其作用是什么？

10. 什么是电力应急通信系统中的固定通信站？有什么特点？其作用是什么？

11. 什么是电力应急通信系统中的车载通信站？有什么特点？其作用是什么？

12. 什么是电力应急通信系统中的便携通信站？有什么特点？其作用是什么？

13. 电力机动应急车载通信系统的功能是什么？包括哪些系统？各有什么设备？

14. 如何将一辆越野车改装成电力应急通信车？

15. 车辆改装成电力应急通信车的设计要求有哪些？

16. 电力应急通信车车辆改装施工中的注意事项是什么？

17. 电力应急通信车的供电方式是如何考虑的？

18. 对电力应急通信车的供电系统有什么要求？

19. 小型应急通信车系统的功能有哪些?

20. 如何实现应急通信车与后方指挥中心的通信功能?

21. 电力应急通信车系统包括哪些系统?

22. 电力应急通信车的语音通信系统功能是什么? 有哪些要求?

23. 电力应急通信车的视频通信系统功能是什么? 有哪些要求?

24. 电力应急通信车的信息处理系统功能是什么? 有哪些要求?

25. 电力应急通信车的综合保障系统功能是什么? 有哪些要求?

26. 机动通信系统运行维护基本要求是什么?

27. 机动通信系统运行维护单位工作内容有哪些?

28. 机动应急通信系统安全管理基本要求是什么?

29. 机动应急通信系统安全保密工作的主要内容和要求是什么?

30. 机动应急通信系统安全出入管理的主要内容和要求是什么?

31. 机动应急通信系统岗位职责有哪些?

32. 如何进行电力应急通信系统实操演练?

33. 机动应急通信系统使用流程是怎样的?

34. 机动应急通信系统使用基本要求是什么?

35. 应急通信系统使用申请的规定有哪些?

36. 怎样进行机动应急通信系统保障任务汇报和回撤工作?

37. 机动应急通信系统质量评价指标有哪些? 是如何计算的?

38. 机动应急通信系统质量评价有关规定有哪些?

第五章

电力应急通信典型应用

近年来，为应对雨雪冰冻、地震等各类电力突发性事件和重大活动保电的需要，国家电网公司、各网省公司陆续建设了应急通信系统，目的是通过这些应急通信系统，有效解决应急处置现场和各级应急指挥中心之间指挥调度、信息联络的难题，达到通过迅速布设网络、保障重要信息传输、快速有效传递指令的使用要求。电力应急通信系统主要包括应急视频会议系统、机动应急通信系统、无线自组织网络系统、无人直升机系统等。国家电网公司系统内各单位建设的应急通信系统，虽然系统规模、节点数量存在差异，但总体技术体制基本相同，本章以国网山东省电力公司为例来具体分析各种常用系统的典型配置及应用。

第一节 电力应急视频会议系统

一、电力应急视频会议系统概况

（一）国网公司应急高清视频会议系统

国网公司应急高清视频会议系统采用一级部署方式，由"一主两备"三套系统组成，覆盖总部、分部、省公司以及国网直属单位。其中主用系统为国网应急指挥专线平台，备用系统为国网应急指挥数据网平台，另一套备用系统为电话会议系统，该系统作为主用系统的音频备用方式。

应急专线平台和数据网平台采用 720P 视频格式，帧率为 50fps；核心会议设备均为华为产品，MCU 型号为 ViewPoint 8660，会议终端型号为 ViewPoint 9039 或 TE 系列，其中总部层面，包含 2 台 MCU、2 台配套 SMC 1.0 服务器；各分部未配置 MCU 设备；省公司层面，MCU 设备主要用于召开省内应急视频会议，采用属地化运维的方式。

应急会议带宽均为 4M，专线平台采用 E1 及 MSTP 方式，数据网平台采用综合数据网专用 VPN 方式；国网总部、分部、省公司、国网直属单位均设置专用应急视频会议室，并配置"一主两备"三套系统终端。

国网应急高清视频会议系统框图如图 5-1-1 所示。

（二）山东电力应急视频会议系统

根据《国家电网公司应急指挥中心建设规范》（Q/GDW 1202—2015）的标准要求，国网山东省电力公司于 2009 年开始建设电力应急视频系统，后期又经过搬迁、升级，与传统视频会议系统技术体制与网络架构相一致，应急视频会议系统为国网、省、市、县四级部署，组网方式为星型结构，采用 H.323 传输协议，覆盖省公司、检修公司、送变电公司、综合应急基地、17 地市公司、98 个县供电公司等一百余家单位，实现国网-省-市-县四级应急指挥中心联动。

二、技术方案

（一）网络通道

目前，省公司至各地市公司为单系统、单通道，省公司至市公司、市公司至县公司应

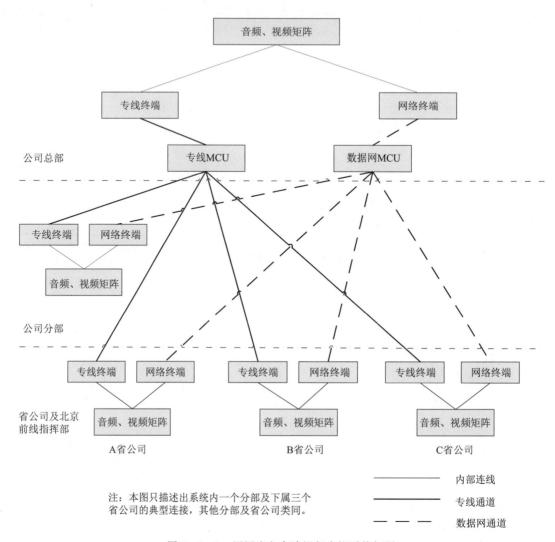

图 5-1-1 国网应急高清视频会议系统框图

急会议通道均由 PTN 传输系统承载。全省应急会议系统仍采用背靠背运行模式，即县公司上送省公司信号由市公司背靠背转发。应急视频会议系统网络通道示意图如图 5-1-2所示。

（二）系统配置

1. MCU 及会议终端

系统核心会议设备以华为设备为主，部分单位采用宝利通、腾博系列产品，省公司MCU 型号为 ViewPoint 8660，一套 SMC1.0 服务器（后期新增华为 9660MCU 一套），会议终端型号为 ViewPoint 9039s；市公司 MCU 型号为宝利通 RMX1000 或腾博 Codian 4515，对应配置会议终端为宝利通 HDX7000 或腾博 C40。省网 MCU 与市网 MCU 会议终端连接示意图如图 5-1-3 所示。

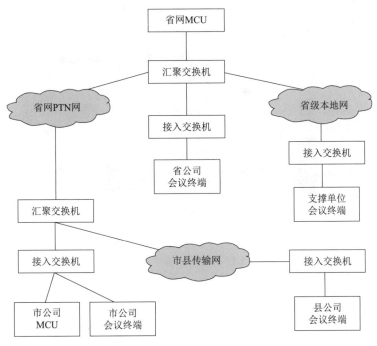

图 5-1-2 应急视频会议系统网络通道示意图

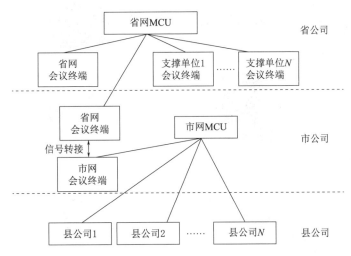

图 5-1-3 省网 MCU 与市网 MCU 会议终端连接示意图

2. 音频系统设备

音频系统主要由数字音频处理器、调音台、有线话筒、无线话筒等拾音设备，以及音箱、功放等扩声设备组成，其系统连接示意图如图 5-1-4 所示。

3. 视频系统设备

视频设备主要由视频矩阵（混合矩阵、SDI 矩阵、RGB 矩阵等）、摄像头（摄录一体机）等视频采集设备，以及大屏（液晶电视、等离子电视、LED 或拼接大屏）视频显示设备组成，其连接示意图如图 5-1-5 所示。

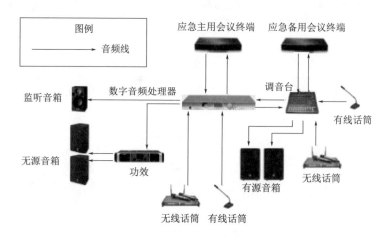

图 5-1-4 音频系统连接示意图

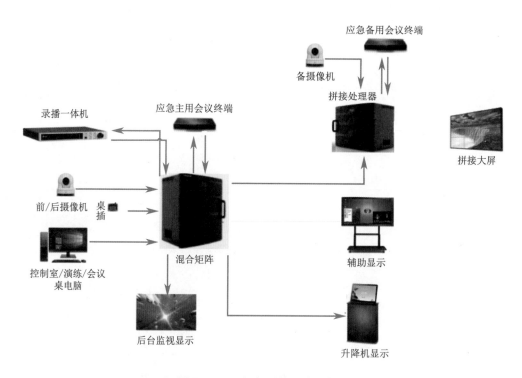

图 5-1-5 视频系统连接示意图

4. 中控系统设备

中控系统主要由中控主机、无线路由器、有线或无线控制 PAD 等设备组成，其系统连接示意图如图 5-1-6 所示。

5. 大屏及拼控系统设备

大屏及拼控系统主要由 LED 或拼接大屏及专用大屏控制器或具有拼控功能的混合矩

阵等组成，其系统连接示意图如图 5 - 1 - 7 所示。

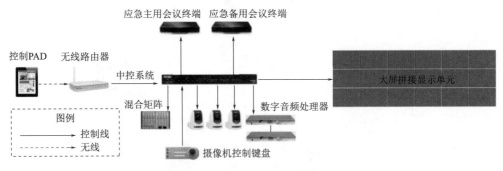

图 5 - 1 - 6　中控系统连接示意图

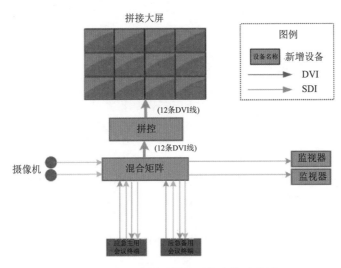

图 5 - 1 - 7　大屏及拼控系统连接示意图

第二节　电力机动应急通信系统

一、建设思路

依据山东省电网分布特点及地貌特征，将全省 17 地市公司划分为几个大的协作区，统一部署应急通信车，各协作区通信车统一调度、协调配合。按照这一思路，山东省电力公司总体规模规划为卫星通信中心站 1 座，动中通指挥车 1 辆，静中通应急通信车 12 辆。各应急通信车负责所辖区域应急事件发生时建立现场与应急指挥中心语音、数据和视频互通的通信网络。搭建一套以卫星中心站为固定指挥中心，动中通指挥车为移动指挥中心，协作区应急通信车为现场应急端站的机动应急通信系统，网络示意图如图 5 - 2 - 1 所示。

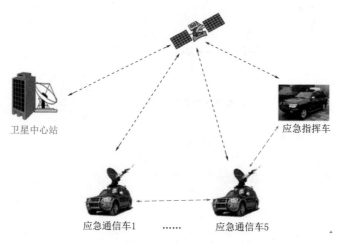

图 5-2-1 网络示意图

二、系统组成及功能

机动应急通信系统主要包括综合传输通道、业务应用系统、车辆改装系统及辅助支撑系统等部分组成,各部分功能如下。

(一)综合传输通道

机动应急通信系统以 VSAT 卫星通信系统为主用,公网网络通道为辅助,以海事卫星终端为补充手段,建立起应急处置现场与指挥中心间音视频传输通道。该通道构成了整个应急通信系统的综合传输平台,满足应急调度指挥指令上传下达、沟通联络的需要。

1. VSAT 卫星系统

采用中星 6A 通信卫星转发,长租 2M 或 4M 带宽卫星频率,作为日常演练和应急处置所需,紧急情况下可临租一定数量的频率备用。

2. 公网网络

采用中国联通 WCDMA+中国电信 EVDO 双卡互补方式,下一步随着技术的发展,逐步升级为 5G 通道。

3. 海事卫星终端

选取 BGAN Explorer E700 海事卫星终端,每年通过预付一定的通话单元,满足使用需求。

(二)业务应用系统

为满足电力应急指挥需要,本系统配置了视频会商系统、无线单兵图传系统、软交换电话系统、无线数字集群系统等业务应用系统。

1. 视频会商系统

视频会商系统用于完成中心站(应急指挥中心)与通信车之间召开双向交互实时视频会议,可以是硬视频会议系统,也可是软视频系统。

2. 无线单兵图传系统

无线单兵图传系统主要用于近程接入,当应急通信车受道路等条件限制,无法抵达灾害第一现场时，利用无线单兵设备完成第一现场的语音和图像的采集并传送到通信车。

3. 无线数字集群系统

无线数字集群系统用于中心站与指挥车、通信车周边的无线语音通信覆盖。

4. 软交换电话系统

通过配置软交换系统将车载电话，经综合传输通道接入省公司本部电话网络，实现电话功能接入，可以是 IP 数字电话，也可以是模拟电话，后期经过整合优化，接入省网 IMS 系统。

(三) 车辆改装系统

选取车体空间尺寸及车辆越野性能较好的丰田 Land Cruiser V8 和 V6 作为通信车底盘，进行改装。车辆主体大架不变，在车顶部分安装各卫星、集群等系统天线，车内拆除后排座椅，加装固定支架，用以安装设备。应急通信车车辆改装示意图如图 5-2-2 所示。

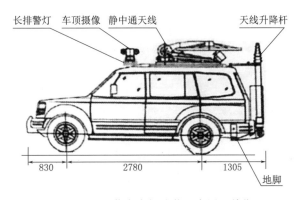

图 5-2-2 应急通信车车辆改装示意图 (单位: mm)

(四) 辅助支撑系统

辅助支撑系统主要包括 IP 网络系统以及为保持通信车安全及性能的供电系统、支撑腿系统和防雷接地系统等。

三、技术方案

机动应急通信系统采用卫星通信为主要传输手段，实现在任何时间、任何地点建立起主站与应急指挥车以及应急通信车之间的卫星传输链路。同时为进一步提高通信保障能力，在应急指挥车和通信车上配备海事卫星电话和公网无线通信系统，解决应急电话和图像传输问题。应急通信车系统配置如图 5-2-3 所示。

(一) 卫星系统

机动应急通信系统建设的目的主要是承担省内应急情况下的通信保障任务，在网络建设上独立成网，设立网管中心对所辖卫星小站实施管理。后期整合优化后，接入国网卫星通信系统，承担应急任务，实现资源合理调配与共享。卫星技术体制与国网公司的系统一致，均采用 SCPC/DAMA 技术体制，组成星状网结构。其工作模式如下：

(1) 在非应急时期，中心站为系统主站，与指挥车和各协作区的通信车构成星状网应

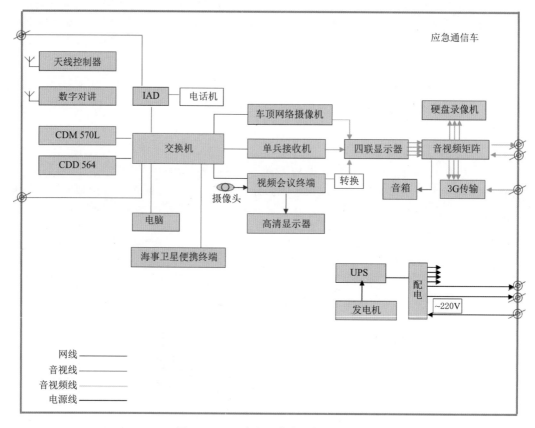

图 5 - 2 - 3 应急通信车系统配置图

用结构，各车载站只与中心站通过固定频点的 64kbit/s 出境信令载波及 64kbit/s 的入境信令载波进行网络管理的信息数据交换。

（2）应急工作状态时，车载站赶赴应急现场，与中心站之间组成星状网或网状网的应用结构，中心站、车载站之间互通业务和交换数据。必要时，车载站之间可以脱离网管建立点对点连接，实现两站之间业务互通。

1. 卫星主站

卫星主站由 1 面 3.7m 天线、1 台 50W 功放、1 套卫星网管系统和 1 套业务应用系统组成。

主站网管系统配备 1 台 CDM570L-IP 卫星 MODEM，发射 TDM 载波、接收车载站回传的 STDMA 载波，构成基本的网管信息传输链路。

业务应用系统配备 12 台 CDM570L-IP 卫星 MODEM，作为 P2P 调制解调器与车载站进行 SCPC 通信，当车载站切换到 SCPC 回传时，VMS 还能收到车载站状态和切换请求信息。

2. 应急指挥车（动中通）卫星系统

应急指挥车卫星系统由 1 面 0.45m 动中通天线、1 台 40W 功放、1 台卫星调制解调器、1 台 4 路卫星解调器组成。

由于动中通天线的有效面积较小，为保证应急指挥车与主站传输带宽为 2M，所以应急指挥车的功放、主站卫星天线和功放都要相应的加大。另外，因动中通系统的固有特性，应急指挥车与应急通信车通信时为双跳。

3. 应急通信车卫星系统

应急通信车卫星系统由 1 面 0.98m 静中通天线、1 台 16W 功放、1 台卫星调制解调器、1 台 4 路卫星解调器组成。

（二）高清视频会议系统

在车载站上配置一台华为 9039 高清视频会议终端，与现有高清视频会议系统一致。

（三）单兵系统

1. 基本概念

每辆通信车配置一套单兵系统，单兵系统为久华信公司的 Jo Mobile SD 双向系统。单兵系统具有双向语音和单向视频通信功能。系统支持以太网协议，可通过网络访问单兵接收机的 IP 地址，实时观看单兵回传图像，如图 5-2-4 所示。

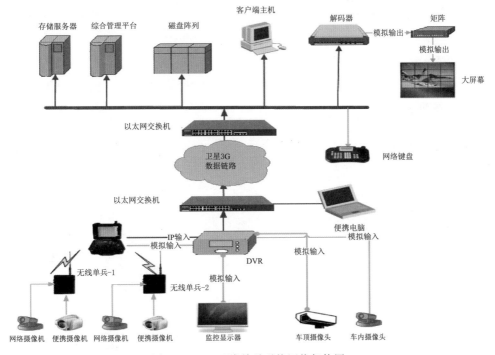

图 5-2-4　无线单兵系统网络架构图

2. 系统组成及原理

无线单兵系统原理框图如图 5-2-5 所示。

（1）单兵前端。包括单兵主机、背负架（或背包）、锂电池组、天线（图像发射天线及语音接收天线）、耳麦。

（2）接收终端。包括机架式高清接收机、天线（图像接收天线及语音发射天线）、滤波放大器。

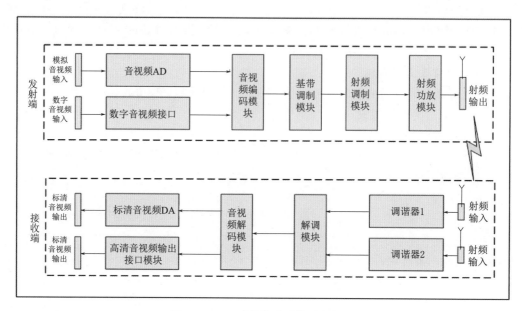

图 5-2-5　无线单兵系统原理框图

（四）数字集群系统

在每辆应急通信车上配置 1 套 MOTOTRBO 数字集群系统，使现场人员随时保持通话，保障现场的指挥调度。

1. 数字集群系统架构

数字集群系统架构如图 5-2-6 所示。

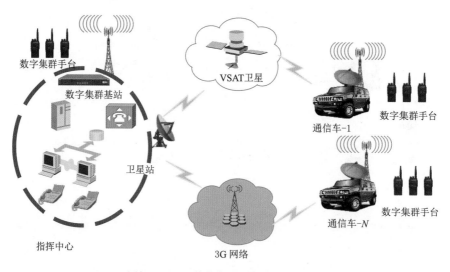

图 5-2-6　数字集群系统架构示意图

2. 数字集群系统使用

数字集群系统如图 5-2-7 所示，在信道空闲状态下，按住 PTT 进行通话，松开通话完毕。

（五）语音软交换系统

语音软交换系统由指挥中心端和车载端组成，系统采用思科语音软交换设备。

（六）海事卫星系统

为每辆通信车配置 1 套 E700 便携式海事卫星终端，作为语音和传输低速数据的应用。

BGAN 海事卫星通信设备共享式高速数据业务速率最高可达 492kbit/s，可提供的主要业务如下：

（1）语音业务：4～64kbit/s。

（2）数据业务：32kbit/s、64kbit/s、128kbit/s、256kbit/s。

（七）供电系统

供电系统包括 UPS 电源、发电机以及外市电接口等部分，实现向车载系统设备供电。

为应急指挥车配置 1 台取力发电机和 1 台便携式发电机，当车辆行进时用取力发电机给设备供电，当车辆静止时使用便携式发电机给设备供电。取力发电机功率为 5kW，便携式发电机功率为 3kW。

（八）音视频系统

在每辆通信车上配置 1 台高清显示器，用来显示视频会议终端图像；配置 1 台 4 联屏显示器，分别显示车顶摄像机、单兵接收机、视频会议终端的图像；配置 1 台音视频矩阵，作为个路音视频信号的切换；配置 1 套音箱，作为音频输出设备。

四、系统操作与应用

（一）卫星射频系统的操作

1. 卫星通信天线

图 5-2-8 所示为静中通卫星通信天线，又称移动式静态卫星通信天馈系统，主要由天线反射面、馈源、双工器、伺服系统组成。其功能是根据天线控制器的指令，自动对准所设定的同步通信卫星，将射频信号放大或向卫星

图 5-2-7 数字集群系统

1—信道选择旋钮；2—对讲机开/关/音量控制旋钮；3—LED 指示灯；4—点亮屏幕；5—通话（PTT）键；6—声控发射开关；7—高/低功率切换；8—P1 单呼拨号键；9—麦克风；10—扬声器；11—P2 打开通信录键；12—数字键盘；13—菜单浏览键；14—附件通用接口；15—显示屏；16—紧急报警键；17—对讲机天线（含 GPS 天线）

图 5-2-8 静中通卫星通信天线

发送信号；同时接收从卫星发射回来的微弱信号并放大。天线的品质是决定地球站容量和通信质量的关键组成部分。天线系统还包括发射放大设备 BUC 和接收放大设备 LNB。C-COM 静中通卫星通信 iNet Vu980A 天线技术参数见表 5-2-1。

表 5-2-1　　　　C-COM 静中通卫星通信 iNet Vu980A 天线技术参数

序号	参数名称	指　　标
1	频率范围	(1) 发射：13.75～14.50 GHz。 (2) 接收：10.95～12.75 GHz
2	发射功率容量	200W（Ku 波段）
3	增益	(1) 发射 43.3dBi。 (2) 接收 41.8dBi
4	天线噪声温度	(1) 10°仰角：45°。 (2) 30°仰角：24°
5	极化方式	线极化 二端口
6	接收/发射隔离度	90dB
7	极化隔离度	≥35dB
8	机械特性	(1) 反射面 0.98m 偏馈，SMC 玻璃钢。 (2) 传感器 GPS，电子罗盘精度±2°，倾角仪±0.2°。 (3) 方位寻星角度：360°（±200°）。 (4) 俯仰角度范围：0°～90°。 (5) 极化角度范围：±75°。 (6) 俯仰展开速度：2°/s。 (7) 方位展开速度：最大 6°/s。 (8) 微调速度：0.2°/s
9	风荷载	(1) 工作风速：≤75km/h。 (2) 展开风速：≤100km/h。 (3) 收起风速：≤150km/h
10	设备温度	(1) 天线工作温度：-40～55℃。 (2) 天线保存温度：-50～65℃
11	寻星时间	≤2min
12	物理尺寸	(1) 安装底板尺寸：长 132cm，宽 56cm。 (2) 收藏尺寸（无反射面）：长 163cm，宽 124cm，高 24cm。 (3) 收藏尺寸（有反射面）：长 185cm，宽 135cm，高 34cm。 (4) 反射面重量：12kg。 (5) 总重量：68kg
13	电机	直流 12V，小于 10A

2. 天线控制器

iNet Vu7000 天线控制器，如图 5-2-9 所示。

(a)前面板

（b）后面板

（c）前面板指示灯

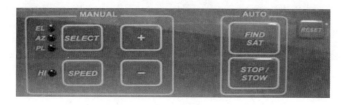

（d）前面板控制部分

图 5-2-9 iNet Vu7000 天线控制器

（1）前面板文字符号的含义如下：

1）Power：电源指示灯。

2）Motor：电机运转指示灯。

3）Comm./Lock：卫星信号通信指示灯。

4）Tx EN：发射控制指示灯。

5）STOW：天线收起状态指示灯。

6）EL：俯仰。

7）AZ：方位。

8）PL：极化。

9）Find Sat：寻找卫星。

10）Stop/Stow：停止/收起天线。

（2）前面板视窗文字符号的含义如图 5-2-10 所示。

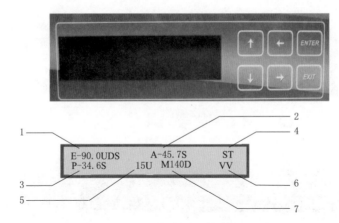

图 5-2-10　视窗中文字符号位置和含义

1—E-90.0UDS 天线的俯仰角（范围为−90.0°～+75°）；2—A−45.7S 天线的方位角（范围为−200°～+200°）；
3—P-34.6S 天线的极化角（范围为−90°～+90°）；4—ST 系统状态（如 ST 为收起状态、AC 为方位校准、
AC 为测试电子罗盘、CC 为电子罗盘校准、EC 为俯仰校准、PC 为极化校准、SG 为正在收起、SR 为正在
寻找卫星、MM 为手动控制、PK 为锁定卫星、II 为寻找卫星完毕）；5—15U 为卫星信号显示值
（U 为 Unlock，对准卫星一般为数值+L，L 为 Lock）；6—VV 为 GPS 和电子罗盘状态
（V 为正常，O 为该功能屏蔽，F 为错误）；7—M140D 为 Modem 的状态（一般不用）

3. 天线控制器的参数设置步骤

（1）在天线控制器开机运行后，在前面板上的液晶屏中找到 Monitor 项，按 Enter 进
入，按方向键将光标放到 IP 上，按 Enter 进入，查到该设备的 IP。

（2）将客户端的 IP 设置成与天线控制器一个网段，再确认客户端与天线控制器是否
连接正确。

（3）在 IE 的地址栏中输入天线控制器的 IP，即可进入。

（4）用户名为默认的 Administrator，密码为 password，输完后登录即可按如图 5-2-11
所示的页面进行配置。

图 5-2-11　配置页面

（5）点击左边的 CONFIGURATION 进入如图 5-2-12 所示界面。

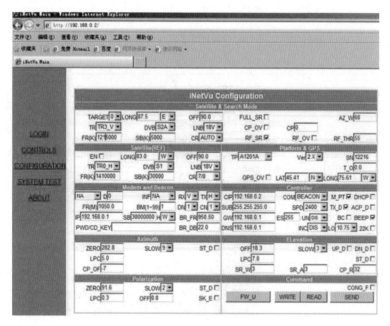

图 5-2-12 iNetVu CONFIGURATION 界面

（6）只需要设置左上角的 Satellite 复选框中的各项参数，其他参数不需修改。

1）Long：天线所对卫星的经度，如鑫诺 1 号为 110.5，亚洲四号位 122.2，亚太 V 号为 138，中卫 1 号为 87.5 等。

2）Off：接收极化，0 为水平、90 为垂直。

3）TR：天线控制器中可以保存六组参数，任意切换。

4）DVB：DVB 载波方式，有 S1 和 S2A 两种，中石化为 S2A。

5）LNB：供电方式，一般选择为 18V。

6）FR：接收卫星 DVB 信号的频率，单位为 kbit/s，一般习惯用 Mbit/s

7）SB：接收卫星 DVB 信号的符号率，单位为 kbit/s。

8）CR：接收卫星信号的前向纠错方式，一般为 3/4、5/6、7/8。

修改完参数后点击右下角按钮 Send，再点击 Write，查看参数是否被保存成功。如失败重新输入一次。

（7）点击 Controls 进入操作控制界面，如图 5-2-13 所示。

图 5-2-13 所示界面的中左边一列框中的参数为自动读取到的参数，如电子罗盘计算出的所要指向卫星的方位角、俯仰角和极化角，GPS 测出的当地的经纬度。左边一列框中的参数正常应显示"蓝色"状态，如有"红色"显示说明参数未正确读取到。

界面下面有 6 个按钮，这 6 个按钮是天线控制器中 6 个模块的工作状态，正常显示应该为"绿色"，分别为系统状态、DVB 接收卡状态、GPS 状态、控制单元状态、电机状态、传感器状态。

Controls 控制界面中没有"红色"显示，天线就可以进行自动对星操作了，可以按住天线控制器上 FIND SAT 键 2s 以上，MOTOR 灯亮，证明天线电机运转，开始寻星操作。

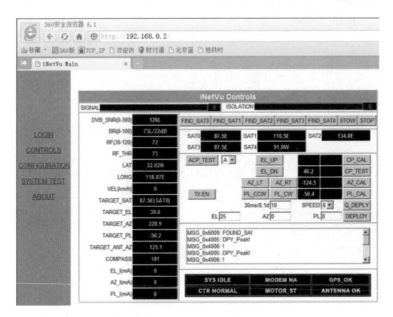

图 5 - 2 - 13 iNetVu Controls 界面

4. CDM-570L 调制解调器

CDM-570L 调制解调器的外形，如图 5 - 2 - 14 所示。

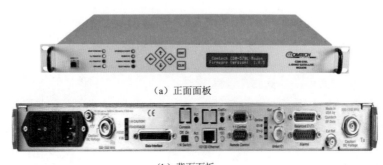

（a）正面面板

（b）背面面板

图 5 - 2 - 14 CDM-570L 调制解调器外形

CDM-570L 具有以下特点：

（1）CDM-570L 的设计满足低成本终端的需求，配合 L 波段接口至低噪声变频器（LNBs）和上变频模块（BUCs），是 L 波段卫星通信的理想应用。

（2）CDM-570L 作为 Comtech EF Data 带宽有效利用的卫星调制解调器产品线的其中一类，包括有同步 EIA-530/ 422，V. 35，EIA-232 接口，G. 703 T1/E1 接口。另外，可选的 Internet 协议（IP）模块可为 LAN 和网络应用提供带有 10/100 以太网接口。

（3）CDM-570L 的体系结构是以固件（Firmware）和可编程门阵列（FPGA）为基础

的，通过串口或前面板上的 USB 端口很容易对内部闪存（Flash Memory）进行更新。调制解调器被封装在 1 个 RU 里，提供了出色的灵活度和性能。

入网卫星站点调制解调器设备参数调整完成后，进行自我验证。如参数调整正确，CDM570L 的 Rx 指示灯常亮（若主站 Romote list 开启的话），Tx 指示灯每隔 5～6s 闪亮一次。

（二）卫星车载站系统搭建流程

（1）打开取力发电机开关，发电机正常工作后，依次打开设备电源开关。

（2）打开支撑腿电源，按下群支按钮，在支撑腿下方放好垫木，待支撑腿到位后，将群支按钮复位，关闭电源。

（3）静中通打开卫星电源开关后，天线控制器屏幕显示"iNetVu7000 Please Wait …"。

当 iNetVu7000 控制器显示屏上出现 "MONITOR OPERATION MAINTENANCE"（表示监视、操作和维护三种状态均已经准备就绪），等 2～3min（GPS 寻星时间）；按下 iNetVu7000 控制器前面板上的 "FIND SAT" 键 2s，天线开始自动寻找已经设定好的卫星；当收起天线时按下前面板上的 "STOP/STOW" 按钮；动中通要启动卫星捕获程序，当看到 READY 页面时，按 Run 按钮，LED 显示将从底端的 LED（Stop）变为上端的 LED（Start），当系统结束捕获程序时，锁定指示将变为 L××××. 这个 L 表示系统锁定了。

（4）待卫星天线锁定卫星后，观察卫星调制解调器 570L，RX 灯常亮为接收正常，TX 灯常亮为卫星通道已开通。

（三）卫星便携站系统搭建流程

静中通天线类别如图 5-2-15 所示。

图 5-2-15 静中通天线的几种形式

1. 卫星便携站天线系统操作流程

（1）天线主机朝南摆放，前方无遮挡，并调整好左右防风支架及脚底。

（2）按照接口标识正确连接各类线缆，Modem 的 10MHz 参考配置正常。

（3）加电后，"一键通"指示灯常亮，系统进入 15s 初始化阶段。

（4）初始化完成后，"一键通"指示灯进入"闪烁状态"。

（5）按一下"一键通"键，天线自动升起到安装边瓣位置后停下，"一键通"指示灯开始闪烁。

（6）按顺序取出边瓣并安装后，按一下"一键通"，指示灯熄灭，天线自动开始寻星。

（7）天线对准卫星后，"一键通"指示灯常亮，寻星结束。

（8）此时按一下"BUC供电"开关，BUC开始工作，进入通信状态。

（9）天线收藏时，首先关闭modem，然后安装一键通键约5s，一件通指示灯灭，天线开始自动收藏。

2. 卫星便携站天线系统维护注意事项

（1）展开天线时，保证车辆支撑腿支起并牢固接地，接地电阻应小于4Ω。

（2）定期检查车顶防水，防止雨水进入车内电路系统，造成短路。

（3）天线馈源口面薄膜不得破损。馈源内不得有水气、水珠、蜘蛛或异物。在冬季，如果馈源和反射面上有积雪、冰凌，要及时清除。

（4）注意防虫，定期检查馈源管口遮盖有没有掉落，否则很容易住进马蜂、蜘蛛等昆虫。

（5）高频头与馈线的连接处常年暴露在外，定期检查防水胶布是否封好接口。

（6）使用结束后，将天线收好，禁止天线表面被尖锐物划伤。

（四）单兵系统的操作

（1）检查系统连接。主要检查系统电源的极性、电压值，主设备与天线、馈线的连接，并检查主设备与配套设备（如摄像机、显示器等）的连接及配套设备的电源。

（2）上述检查完成并确定正确无误的情况下才能启动电源开关（加电）；加电后主设备上的电源指示灯（PWR）亮，系统进入正常工作状态。

（3）确认正常工作状态。在接收机和发射机开机启动，进入正常工作时，如果不超过设备的工作范围，可以观察到：

1）接收机。系统加电后，系统需要大约45s时间启动。接收到发射机的信号之后，接收机面板上的同步指示灯绿色常亮。

2）车载发射机。开机后进入自检状态，所有指示灯全亮，然后进入启动状态，电源灯、视频灯亮。

3）单兵发射机。开机后进入自检状态，所有指示灯全亮，然后进入启动状态。系统启动完成后，单兵设备电量指示灯显示现有电量，电源灯常亮，A/B指示灯组合显示模式状态。

（五）海事卫星电话操作

1. BGAN海事卫星终端

（1）插入SIM卡。首先按照图5-2-16所示方法使用钢笔或类似工具按下标记USM#1的SIM卡槽退出按钮，于是一个很小的设计成塑料框架形式的SIM卡槽从设备退出。

再按照图5-2-17所示方法，按照图中SIM卡的方向将SIM卡插入到卡槽，轻按SIM卡直到锁住。

（2）安装电池。将电池按图示方向插入设备底部，如图5-2-18所示。

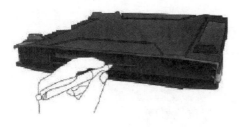

图5-2-16　按下退出按钮

图 5-2-17　将 SIM 卡插入到卡槽直到锁住　　　图 5-2-18　将电池按图示方向插入设备底部

（3）摘除电池。找到位于设备低端的电池锁，把电池锁按图 5-2-19 所示方向轻滑到一边，然后摘除电池。

图 5-2-19　摘除电池

（4）摘除 SIM 卡。按箭头方向打开 SIM 卡锁，如图 5-2-20 所示。然后轻按 SIM 卡，使其自动弹出，如图 5-2-21 所示，拿出 SIM 卡。

图 5-2-20　按箭头方向打开 SIM 卡锁　　　　图 5-2-21　拿出弹出的 SIM 卡

（5）连接数据线。插入 SIM 卡和电池后，连接所有相关的数据线。

（6）连接器面板。连接器面板在设备的侧面，如图 5-2-22 所示。连接器面板上有如下的连接器：

1）1 个直流电源输入连接器连接到 10～32V 直流电。

2）1 个 USB 接口连接器。

3）1 个输入/输出连接器的外部控制或信令。

4）1 个蓝牙手机充电连接器。

5）1 个电话/传真连接器。

6）2 个局域网连接器。

7）2 个 ISDN 的连接器。

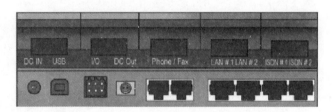

图 5 - 2 - 22　连接器面板

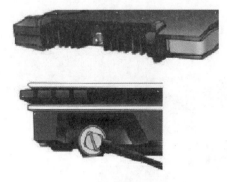

图 5 - 2 - 23　连接器背后接口

除了连接器面板上的接口，在设备背面还有两个接口，如图 5 - 2 - 23 所示。

1）1 对收发器。

2）1 对天线。

（7）电源连接。

1）在没有插入电池的情况下，可以直接使用电源为设备供电。

2）在使用电源供电的情况下插入电池，设备将自动为电池充电。

3）可以使用 220V 交流电为设备供电。

4）可以使用单独购买的车载充电器为设备供电。

5）充电模式下为电池充电时，设备会自动地从关机状态变为开机状态。如果您不希望使用这个功能，可以关闭，图 5 - 2 - 24 中箭头所指为关闭按钮。

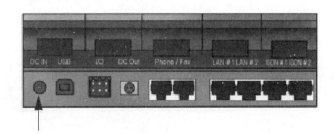

图 5 - 2 - 24　关闭电池充电时设备会自动的从关机状态变为开机状态的功能按钮

（8）开关设备。图 5 - 2 - 25 所示为电源开关。开机时，按住电源开关并保持到电源指示灯亮起，通常的时间为 1～2s。

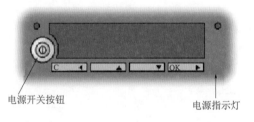

电源开关按钮　　　　　　　　　　　　　　　电源指示灯

图 5 - 2 - 25　电源开关按钮和电影指示灯位置

关机时，按住电源开关并保持到屏幕显示 Switching off。开机后将提示请输入 PIN 码，除非关闭这个功能，如图 5-2-26 所示。

图 5-2-26　开机后将提示请输入 PIN 码

（9）设备定位。如果是在某一个地区第一次使用该设备，那么当打开电源开关后，首先要做的是设备定位。定位方法是将设备平放在地面上，打开电源开关，然后使其与地面有一个 45°的夹角，天线朝上。正常情况下，在 5min 内可以完成设备定位。

（10）架设设备。当定位成功后，将设备按图 5-2-27 所示要求架设。

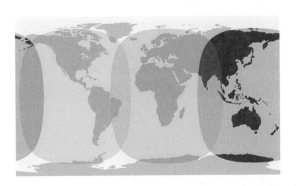

图 5-2-27　定位成功架设设备

在中国，天线面的朝向为东南方向，设备的仰角约为 45°。在其他地区，用户根据笔记本电脑里安装的 LaunchPad 软件选择自己所在城市或离所在地点最近的城市，来确定设备工作的大概位置之后，LaunchPad 软件会给出一个参考的 BGAN 天线方位（北偏东××°）和角度（仰角）。依据该参考数据对星。

设备架起后，屏幕将显示信号强度，如图 5-2-28 所示；如未定位成功，则信号强度为零。当信号达到一定的强度后，点击"OK"进入设备主界面。

进入主界面后，在屏幕的中间将显示设备当前所处的状态，屏幕左边显示设备所剩电量，右边显示当前的信号强度。

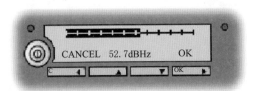

图 5-2-28　设备架起定位成功后屏幕将显示信号强度

（11）设备状态。

设备有如下 4 种状态：

1）SEARCHING。设备在查找网络，这个状态的时间可能会很短，用户有可能看不到这个状态。

2）REGISTERING。正在注册到 BGAN 网络，如果定位不成功，将显示 NO GPS，如果出现这种情况请重新定位。

图 5-2-29　海事电话手机外形

3）READY。设备已经注册到网络，可以进行各种业务。

4）DATA。设备已经连接到计算机。

（12）拨打电话。连接普通电话机可进行语音业务，中国用户如拨打国内电话，请按如下方式拨号：0086＋对方电话号码＋♯。如：0086 10 63333444 ♯，0086 13260312345 ♯。

BGAN 被叫时显示：00＋BGAN 号码。如：0087072210×××（您的 BGAN 号码）。

2. 手持式海事卫星电话按键

手持式海事电话手机外形如图 5-2-29 所示，机身按键和图标如图 5-2-30 所示。

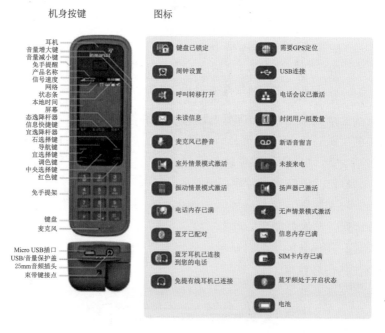

图 5-2-30　海事电话手机按键和图标

在室外空旷地点开启海事卫星电话，按住红色键数秒钟，直至屏幕亮起，Inmarsat 徽标首先出现，然后主屏幕出现。站在空旷无遮挡位置，将电话天线向上竖起（对着东南方），"正在搜索卫星"将出现在屏幕上，如图 5-2-31 所示。

图 5-2-31　海事电话手机使用

当电话连接到卫星后，屏幕左上角将显示 Inmarsat 字样，信号条指示信号的强度，信号强度至少在 2 格以上才能拨打与接听电话。在拨打电话之前，需要对电话进行 GPS 定位以使卫星确定电话的所在位置，此过程将自动进行。

3. 海事卫星拨号规则

（1）主海事用户拨打海事用户：00＋直拨对方卫星电话号码。

（2）海事用户拨打中国国内固定用户（北京）：0086＋长途区号去掉 0＋固定电话号码。

（3）海事用户拨打国内移动终端用户：0086＋13×××××××××对方移动电话号码。

（4）被叫国内固定用户拨打海事用户：00870＋×××××××（对方卫星电话号码）。

（5）国内移动终端用户拨打海事用户：00870＋×××××××（对方卫星电话号码）。

第三节　应急指挥智能调度系统

一、系统概述

应急指挥智能调度系统采用最新的 IMS（IP 多媒体系统）、云计算、集群调度等先进技术，通过一键式触控操作，实现了各通信系统间互联互通、音视频智能调度及基于 GIS 地图的通信调度等功能，还实现了各应急通信系统跨系统通信、快速的信息汇集与推送、统一视频展示与视频调度、统一通信调度管理等功能。此调度系统可大大提高电力公司应对突发事件的指挥调度和处置能力。图 5-3-1 所示为电力应急指挥智能调度系统，图 5-3-2 所示为应急指挥智能调度系统架构拓扑图。

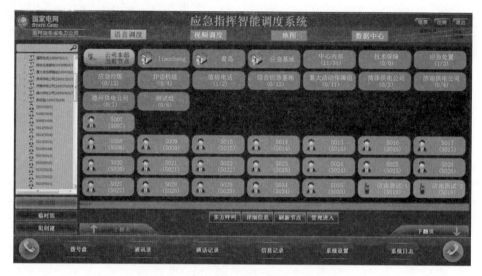

图 5-3-1 电力应急指挥智能调度系统

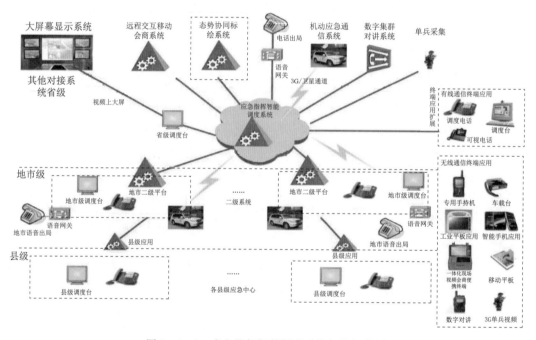

图 5-3-2 应急指挥智能调度系统架构拓扑图

目前已实现应急指挥智能调度系统省、市、县公司三级部署，通过平台可实现人员快速分组，进行跨区域实时音视频通信、集群调度，确保信息的上传下达。应急处置时各地市公司可根据事件类型创建多个临时群组，并将单兵手持终端（图 5-3-3）配给支援方负责人、受援方联络人、应急处置现场负责人以及其他关键节点人员。单兵手持终端支持以下多种网络模式：GSM、WCDMA、EVDO、HSPA 或 LTE、TDD-LTE、FDD-LTE，具备 HDMI 接口，支持 1080P 高清输入、输出，支持北斗＋GPS 双定位模式。终端一机多用，支持 3G/4G 图传、执法记录仪、PTT 集群对讲、导航仪、PDA、位置服务，以及文字命令一体化多媒体调度。

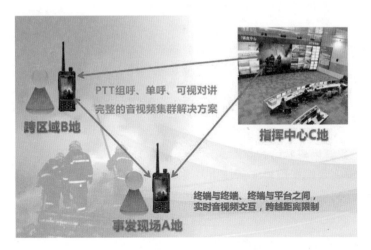

图 5-3-3　单兵手持终端

二、系统功能

（一）调度平台

1. 调度平台界面

调度平台界面如图 5-3-4 所示。

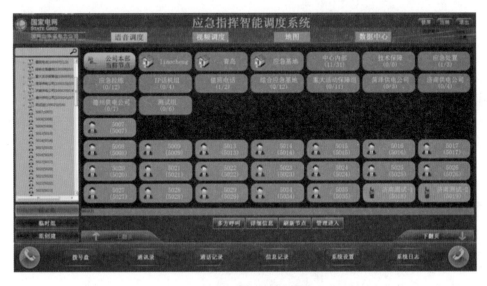

图 5-3-4　调度平台界面

整个界面分上下固定窗口，左边为组织结构群组通讯录。界面可切换为语音调度界面、视频调度界面、地图界面、数据中心界面。

（1）语音调度界面。各种语音的互联互通，语音的存储，调用。

（2）视频调度界面。视频统一调度平台能调用多种视频源视频信息，包括单兵、3G手持单兵等用户的视频数据，并实现视频流转发、视频联动及上大屏幕统一展示等功能。

（3）地图。终端实时定位、实时轨迹、轨迹查询、停止跟踪。

（4）数据中心界面。实现音视频数据存储检索调用，统一的检索和文件调用。

2. 调度平台功能说明

（1）查找框。用户查找当前注册用户及快速定位用户，支持按照用户中文名称或号码进行快速查找。

（2）组/用户数。以树状结构显示当前指挥中心的用户，可以隐藏。

（3）固定组。实现根据用户实际使用习惯预先分配好的组。

（4）临时组。调度员根据事件情况临时将某些用户添加到一个组，实现灵活分组的调度需要。

（5）组创建。将用户添加到临时组中。

（6）当前组名。显示当前调度员的焦点所在组名称，并根据当前组的话务状态通过不同的颜色区分话务忙闲。

（7）用户状态显示。展现所有的在组的用户及用户状态（如用户是否在线，通过高亮和灰色头像区分）、用户是否有视频上传（如有视频上传的用户添加视频上传的小箭头）、用户话务状态（是否有通话、通话类型）、用户名、备注名。

（8）注销。注销当前登录的调度员用户。

（9）退出。退出调度台程序，退出时需要输入当前调度员用户密码。

（10）锁屏。调度员离开时可通过锁屏进行屏幕锁定防止其他人员对系统进行误操作导致生产事故，解除锁定时需要输入调度员登录密码。

（11）当前登录用户。展示当前登录系统调度员用户名和用户的状态。

（12）短信状态。显示当前用户所属未读短信数目。

（13）左手柄。调度台左手柄通话状态显示。

（14）右手柄。调度台右手柄通话状态显示，调度员可以通过按下左右手柄实现话务在不同手柄之间切换。

（15）拨号盘。系统拨号软键盘。

（16）通讯录。公司OA通讯录清单，可以直接通过该通讯录发起语音呼叫。

（17）通话记录。可查看通话记录。

（18）系统设置。进入调度台常规设置界面。

（19）信息记录。此处为短消息收件箱，系统内的短信存储于此。

（20）上翻页、下翻页。调度台一个用户展示窗口一个屏展示的用户为16个，如果当前组有超过16个用户则需要通过该按钮进行翻页查看。

3. 组管理

点击登录后主界面的"管理进入"组管理主界面，如图5-3-5所示。左侧选中临时组，可以建立、删除临时组，在其中添加和删除组成员。

图 5 - 3 - 5 组管理界面

4. 呼叫

呼叫界面如图 5 - 3 - 6 所示。

图 5 - 3 - 6 呼叫界面

(1) 单呼。在组用户之间发起的一对一呼叫或者调度台对前端用户发起的一对一呼叫。

(2) 组呼。用户通过 PTT 在某个组内发起的群组呼叫,该呼叫采用半双工的方式,主叫方讲话时其余用户均处于听讲状态,其他用户如需发起呼叫则需等待主叫用户释放话权后方能发起,该呼叫系统默认通话时长不得超过 60s。

(3) 视频呼叫。打开某一个选择用户的视频同时建立与该用户的语音呼叫,对端一键同时接听视频和语音。

(4) 广播(调度台独有功能)。调度台针对某个用户组或者全局用户发起的单向语音呼叫，并可以通过广播的方式向用户播放事先录制好的声音文件。

（5）推送本地视频。打开本地视频。

（6）信息推送。可以通过系统向某个指定的组或者指定的用户发送文字信息或图片信息（彩信限制为 jpg 格式，并小于 2M）。

（7）接听。调度台通过手动确定是否要接听某一路通话。

（8）挂断。调度台手动挂断某一路通话。

（9）申请话权。当前组在具有组呼业务时，调度台可通过申请话权按钮申请组呼话权，并在系统自动排队等待接通。

（10）释放话权。调度台结束组呼业务时通过释放话权实现快速结束当前组的组呼话务。

5. 视频调度

视频调度界面如图 5-3-7 所示。

图 5-3-7 视频调度界面

（1）本地视频。实现调度台打开本机视频，并上传到服务器。

（2）视频调用。打开某一个选择的用户的视频，并在视频显示窗口进行显示。

（3）关闭视频。关闭某一个目前正在观看的视频。

（4）停止上传。停止某一个选择的用户的视频上传。

（5）视频参数。远程设置回传的视频参数，如分辨率、码率、视频帧数。

（6）视频设置。定义当前焦点视频窗口的显示方式是采用 3/4 比例显示还是宽屏显示，适应不同的显示器。

（7）视频转发。将某个指定的视频通过系统转发给另外一个用户。

（8）全屏显示。对关注的焦点视频窗口进行全屏展示。

（9）上下翻页。对打开的视频窗口进行上下翻页。

6. 地图

地图界面如图 5-3-8 所示。地图界面可对在线终端进行实时定位、实时轨迹、轨迹查询等。

图 5-3-8 地图界面

7. 数据中心

数据中心界面如图 5-3-9 所示。

图 5-3-9 数据中心界面

数据中心可实现对平台通信过程中的各种音视频调用进行实时保存，可通过名称栏输入号码进行快速查询。点击左边用户名称可以直接显示在名称栏中，因此可以在左边组织目录中进行快速人员查找。该数据中心数据包含 FTP 离线文件上传查询，实时音视频数据存储两部分。

（1）FTP 文件查询。查询终端 FTP 上传的视频和图片、录音。

（2）实时视频。通过系统查询后台保存的实时上传的视频录像。

（3）在线播放。对查询获取的内容可以进行在线播放。

（4）文件下载。将查询获取的内容下载到本地。

（5）删除。删除查询获取的后台存储的数据。

（二）多媒体 4G 终端

图 5-3-10 所示的多媒体 4G 终端采用军工面壳材料，专业 IP67 级三防设计，具备扩展接口，可支持外接摄像头、耳机、摄像机等。

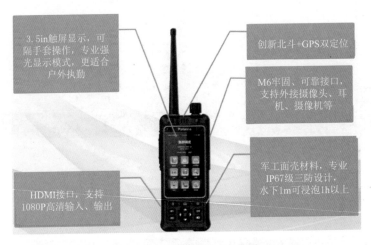

3.5in触屏显示，可隔手套操作，专业强光显示模式，更适合户外执勤

创新北斗+GPS双定位

M6牢固、可靠接口，支持外接摄像头、耳机、摄像机等

军工面壳材料，专业 IP67 级三防设计，水下1m可浸泡1h以上

HDMI接口，支持 1080P高清输入、输出

图 5-3-10　多媒体 4G 终端

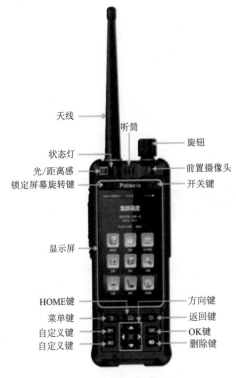

天线

听筒

状态灯

旋钮

光/距离感

前置摄像头

锁定屏幕旋转键

开关键

显示屏

HOME键

方向键

菜单键

返回键

自定义键

OK键

自定义键

删除键

图 5-3-11　多媒体 4G 终端功能外观

1. 终端外观

多媒体 4G 终端功能外观如图 5-3-11 所示。

2. 集群通信功能

（1）组呼。空闲时按住 PPT 键，进行组内群呼。

（2）语音呼叫。选中用户进行语音呼叫，与单用户进行双向语音通话。

（3）视频呼叫。选中用户进行视频呼叫，与单用户进行双向视频通话。

（4）查看视频。选中用户点击查看视频，对方同意后可查看其视频图像。

（5）视频上传。通过选中用户，将本地视频发送给所选用户，对方同意后，可查看本地视频。

3. 注册登录

注册登录如图 5-3-12 所示。

4. 账号设置

账号设置如图 5-3-13 所示。

5. 集群对讲

集群对讲如图 5-3-14 所示。

图 5-3-12　注册登录

图 5-3-13　账号设置

图 5-3-14　集群对讲

6. 组呼

组呼如图 5-3-15 所示。

7. 单呼

单呼如图 5-3-16 所示。

图 5-3-15　组呼

图 5-3-16　单呼

8. 短信

短信如图 5-3-17 所示。

9. 视频呼叫

视频呼叫如图 5-3-18 所示。

10. 视频上传

视频上传如图 5-3-19 所示。

图 5 - 3 - 17　短信

图 5 - 3 - 18　视频呼叫

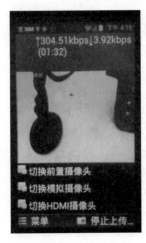

图 5 - 3 - 19　视频上传

11. 查看视频

查看视频如图 5 - 3 - 20 所示。

（三）多媒体手持终端

多媒体手持终端集语音单呼、组呼、实时视频上传、视频下载、拍照、录像、GPS 上传、短信息于一身，如图 5 - 3 - 21 所示。

（1）在对某一个固定组或者临时组进行集群通信时，使用组呼功能，如图 5 - 3 - 22 所示。

图 5 - 3 - 20　查看视频

图 5 - 3 - 21　多媒体手持终端

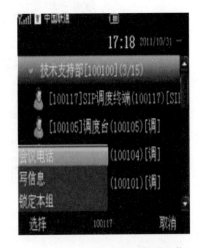

图 5 - 3 - 22　组呼功能（集群通信）

（2）在对某一个用户进行通信时，使用组呼功能如图 5 - 3 - 23 所示。

（3）信息推送。在对群组或某一个用户进行信息报送时，使用信息推送功能，如图 5 - 3 - 24 所示。

（4）视频上传。当需要把现场视频主动推送给其他用户时，使用视频上传功能，如

图 5-3-25 所示。

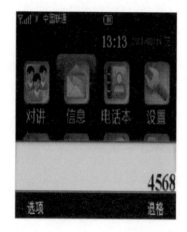
图 5-3-23　组呼功能（单用户通信）

图 5-3-24　信息推送

图 5-3-25　视频上传

（5）视频下载。当需要查看其他用户终端视频时，使用视频下载功能，如图 5-3-26 所示。

（6）图像/视频上传。当需要把现场拍摄的图像保存时，使用图像/视频上传功能，如图 5-3-27 所示。

图 5-3-26　视频下载

图 5-3-27　图像/视频上传

第四节　双向无线组网系统

一、双向无线组网系统的用途和特点

（一）双向无线组网系统的用途

电力无线自组网 IP 无线电台采用 COFDM 技术，可由多个节点组成一个无中心自组网自愈型的 IP 无线通信网络，在网络内实现数据、视频和音频的多点到多点的多方向传输。此系统提供真正的非视距传输和远距离视距传输，可在其他无线产品无法适应的环境内进行有效的传输。

双向无线组网系统适用于突发事件现场的快速部署、移动通信，是班组团队进行双向战术通信的最佳解决方案。系统具有快速自组织、快速自愈、体积小、重量轻等特点，可为战术班组、单兵、车辆、空中平台、船只等提供宽带多媒体双向通信服务，为电网提供快速部署、高效可靠的战术无线通信系统解决方案。

（二）双向无线组网系统特点

双向无线组网系统为无中心、自组织、自愈型战术无线通信网。网内的所有节点均工作在同一个频点的宽带上，可节省有限的频率资源。网络具有智能控制和管理功能，节点从加电到组网用时不超过 5s，可实现在应急突发现场的快速组网，也可以保证任意节点的快速接入和退出。由于网内不存在中心节点或关键节点，因此任意节点的接入和退出对其他节点的正常通信不会造成影响。

系统可实现最高 6MHz 的宽带，并实现节点之间最高 8.9Mbit/s 的数据速率，可充分满足多路高清或标清视频与音频、数据等信息的同时传输。系统或实现最低 2.5MHz 的窄带，具有优秀的非视距传输能力，满足在山地、市区、地下室等复杂地形环境下的通信。带宽在节点之间实现按需实时动态分配共享，满足多路音视频和数据的实时调度需求。

节点之间的无线传输采用 COFDM 调制技术，可实现视距最高 50~70km 的单点传输距离或非视距 1~5km 的单点传输距离。基于 COFDM 的调制技术也可以有效对抗多径衰落、多普勒频移等效应，保证真正的移动中通信，保证车辆、飞机和船舶等搭载平台可在 500km 以上时速移动中进行实时双向通信。节点之间均采用自适应调制编码技术，可根据节点之间的链路质量自动选择可用的最高调制编码方式，实现在当前链路质量条件下的最高吞吐速率。

网络内的节点均具备自动多跳接力功能，可实现由 16 个节点组成的链状网络进行 15 跳接力传输，扩展传输距离。任意两个节点之间需要进行的信息传输，在节点之间因距离、地形等因素限制的情况下，无法直接传输时，均可通过其他节点进行接力中继传输。并具有路径自由选择、路由自动管理等功能，保证信息通过最短路径进行传输，并根据节点之间的实时连接状态选择是否进行接力中继传输和最优接力中继路径。

网络为 IP 无线局域专网，每个节点都可以为用户提供两路有线 IP 接口、无线 WIFI 接口和串口，用于用户的视频、音频和数据等多种应用信息的接入和输出。并可以通过 IP 接口与卫星通信、短波、超短波、3G/4G 或地面网络等其他网络形式对接，实现网络融合和现场音视频数据向其他网络的传递。

网络可通过专用的管理软件或网页界面进行管理和控制，可实现对网络全部节点的实时配置修改和分发。并实时显示网络拓扑、节点连接状态、节点带宽占用、调制编码方式、节点位置信息、工作温度、供电电压、工作频点实时频谱等网络信息。

节点具备多种形态，均具有体积小、重量轻和功耗低等特点，可满足单兵携带、车载机载安装和电池供电等需要。

二、双向无线组网设备操作

（一）2W 室外型电台

2W 室外型电台的外形如图 5-4-1 所示。室外型的全套配置包括电台主机、天线及四组配套线缆，包装形式为有高密度海绵内衬的纸箱，上层为主机和天线，下层为配套线缆。配套线缆及其组件如图 5-4-2 和图 5-4-3 所示。

图 5-4-1　2W 室外型电台外形

图 5-4-2　电台配套线缆

2W L 段设备标配 2 根 1-1.4G 全向 4.5dB 天线；5W L 段设备标配 3 根 1-1.4G 全向 4.5dB 天线；U 段设备不标配天线。

图 5-4-3 中 1 为 19 针外部线缆组件，提供 1 个 RJ45 网线，1 个 RS232 插头，1 个 RS485 插头；2 为 22 针外部线缆组件，提供 1 个 RS232 插头，1 对 3.5 音频输入输出接口。3 为防水电源组件；4 为 6 针外部线缆组件，提供一个防水接插件，用于连接防水电源组件或电池转接线缆组件，1 个 RJ45 网线；5 为电池转接线缆组件。

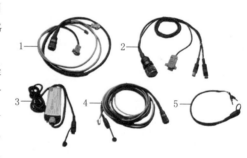

图 5-4-3　配套线缆组件

1. 接口

2W 室外型电台的接口名称如图 5-4-4 所示。

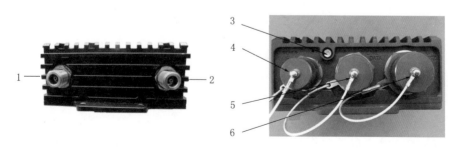

图 5-4-4　2W 室外型电台接口名称

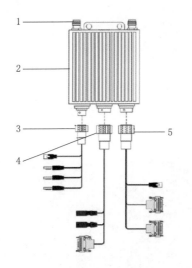

图 5-4-5　2W 室外型电台接口连接示意图
1—天线接口；2—电台；3—6 针航空插头；
4—22 针航空插头；5—19 针航空插头

图 5-4-4 中 1 为 A 口天线，用于电台射频信号的接收与发射；2 为 B 口天线，用于电台射频信号的接收；3 为 LED 指示灯，红色为电台已启动，绿色为电台已组网；4 为 6 针航空插座，提供 RJ45（1），12V 直流电源输入接口；5 为 22 针航空插座，提供 RS232（1）插座，提供音频 3.5 输入插座，3.5 音频输出插座；6 为 19 针航空插座，提供网口 RJ45（2），RS232（2）插座，RS485 插座。

2. 连接示意图

2W 室外型电台接口连接示意图如图 5-4-5 所示。

（二）5W 电台

5W 电台接口名称及用途如图 5-4-6 所示，5W 电台接口连接示意图如图 5-4-7 所示。

图 5-4-6　5W 电台接口名称及用途
1—A 口天线（用于电台射频信号的发射）；
2—B 口天线（用于电台射频信号的接收）；
3—C 口天线（用于电台射频信号的接收）

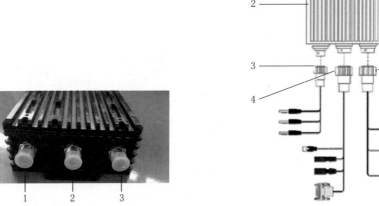

图 5-4-7　5W 电台接口连接示意图
1—天线接口；2—电台；3—6 针航空插头；
4—22 针航空插头；5—19 针航空插头

（三）安装方式

1. 室内安装

室内安装的优势在于电台方便取电，所有功能接口便于对接。只需要考虑天线的安装位置和防盐雾处理问题。将电台固定在室内，安装 6 针外部线缆和防水电源为电台供电，天线通过低损耗馈线连接到室外，电台射频接口为 N 型母头，如图 5-4-8 所示。

（a）实体图　　　　　　　　　（b）天线接口防盐雾处理

图 5 - 4 - 8　电台室内安装

4.5dB 天线射频接口与 8dB 天线射频接口均为 N 型公头，接口连接处需用 3M 防水胶泥做防盐雾处理，根据现场环境安装在高点，如图 5 - 4 - 9 所示。

（a）金属抱箍　　　　　　　　（b）2个金属抱箍对天线进行固定

图 5 - 4 - 9　天线室内固定工艺

2. 室外安装

电台与天线整体安装在室外，通过抱箍安装在抱杆上，如图 5 - 4 - 10 所示。为防止电源线过长造成电压降低导致电台不能启动，增加防水电源220V 端的电线长度。电台及所有金属部件做防盐雾处理。

三、双向无线组网系统基本操作

（一）连接方式

通过电台的 6 针航空头引出的网络接口或 19 针航空头引出的网络接口连接电脑，如图 5 - 4 - 11 所

图 5 - 4 - 10　电台与天线整体室外安装工艺

(二) 获取电台网络地址

通过电台的 6 针航空头引出的网络接口或 19 针航空头引出的网络接口连接电脑后就可以获取电台的网络地址,如图 5-4-12 所示。

图 5-4-11 电台引出的网络接口与电脑连接

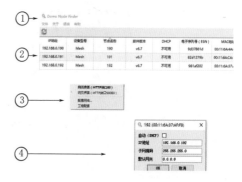

图 5-4-12 获取网络地址

在图 5-4-12 中①所指部分运行 Node Finder;②所指部分显示电台 IP 地址;③所指部分右键点击电台地址,弹出此页面;④所指部分单击网络配置选项 (Configure Network),弹出电台网络参数配置页面,对电台的网络地址、子网掩码、默认网关、DHCP是否开启,进行配置。

(三) 配置电脑网络地址

按图 5-4-13 所示配置电脑网络地址。

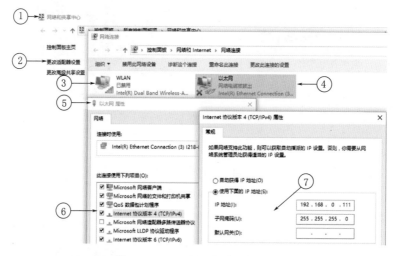

图 5-4-13 配置电脑网络地址

在图 5-4-13 中①所指部分开启网络和共享中心;②所指部分选择更改适配器设置;③所指部分禁用 WLAN,防止网络地址冲突;④所指部分右键点击以太网;⑤所指部分选择以太网属性;⑥所指部分选择 Internet 协议版本 4 (TCP/IPv4);⑦所指部分选择使用下面的 IP 地址,并根据需求配置 IP 地址、子网掩码,默认网关。

(四) 安装无线自组网系统管理平台软件

按图 5 - 4 - 14 所示安装无线自组网系统管理平台软件。

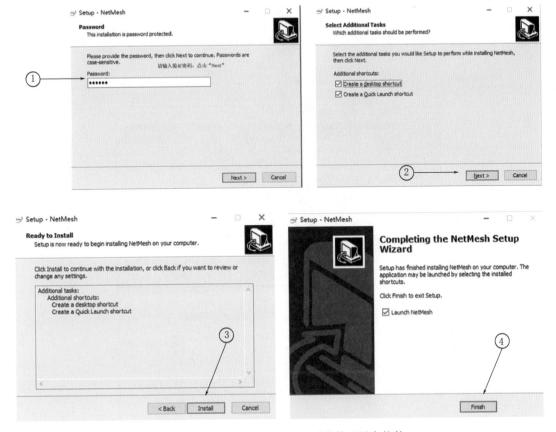

图 5 - 4 - 14　安装无线自组网系统管理平台软件

在图 5 - 4 - 14 中①所指部分运行 "NetMesh ＿ 1. 1. 1" 自组网管理软件，在弹出的安装界面中输入验证密码 www. hylat. com，然后点击 Next；②所指部分在弹出的对话框中选择是否需要建立桌面和程序快捷方式（一般默认均打√），点击 Next；③所指部分在弹出的对话框中点击安装 Install；④所指部分在弹出的对话框中点击 Finish 完成安装。

(五) 登录自组网管理平台

按图 5 - 4 - 15 所示登录自组网管理平台。

在图 5 - 4 - 15 中①所指部分运行 Netmesh 自组网管理平台软件，并输入已知节点的 IP 地址和登录密码 "meshweb"、节点所在区域等信息。应注意：

（1）节点所在区域信息主要用于网管软件从数据库中调取当地地图做 GPS/北斗定位使用。

（2）电脑的 IP 地址需与电台的 IP 地址保持在一个子网内才可以登录到节点的网管界面。

图 5-4-15　登录自组网管理平台

在图 5-4-15 中②所指部分点击"检测连接有效性"，如果弹出的对话框显示"此连接为直接，请登入"表示节点 IP 地址输入有效可访问，点击确定；③所指部分继续点击登入；④所指部分弹出的界面即为无线自组网系统管理平台，通过地图放大或缩小即可看到网内的所有节点，在地图上点击节点即可查看其名称、ID 号、IP 地址、经纬度，点击"打开设置"即可登陆的相应节点的配置管理信息界面；⑤所指部分在弹出的对话框输入登录密码 meshweb（初次登陆需输入密码）；⑥所指部分弹出的界面即为该节点的详细配置、状态、组网信息等。

（六）电台组网参数配置

1. 电台组网参数配置

电台组网的重要参数有频率（中心频率）、带宽、网络 ID、节点 ID。需要组网的所有电台的参数频率、带宽，网络 ID 必须相同，节点 ID 不能相同，否则冲突的电台无法组网，LED 指示灯出现红绿交替闪烁现象。U 段设备中心频点范围为 340～470MHz，L 段设备中心频点范围为 1000～1500MHz，步进为 0.125MHz。射频带宽选项有 2.5MHz/3.0MHz/3.5MHz/5MHz/6MHz，射频带宽影响传输速率和传输距离，选择射频带宽越高传输速率越高，但相对传输距离下降；选择射频带宽越低传输距离越高，但相对传输速率下降。

电台组网参数配置如图 5-4-16 所示。

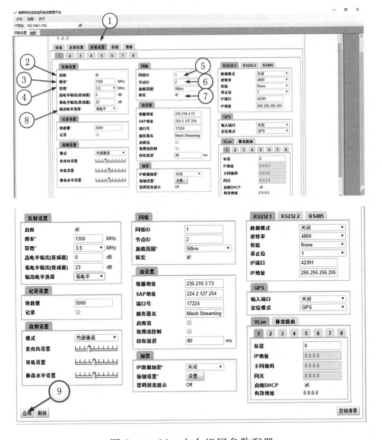

图 5-4-16　电台组网参数配置

在图 5-4-16 中①所指部分导航到本机设置；②所指部分选中发射启用；③所指部分输入希望使用的频率（中心频点），需要组网的所有电台必须保持该参数相同；④所指部分选择希望使用的带宽,需要组网的所有电台必须相同,否则会影响传输速率和通信距离;⑤所指部分网络 ID,需要组网的所有单位必须相同,范围 1~63;⑥所指部分节点 ID,需要组网的所有单位必须不同,范围 0~15;⑦所指部分选中网络→转发,开启数据转发功能;⑧所指部分选择输出电平(高、低电平);⑨所指部分点击应用,使修改的参数生效。

2. 添加摄像头

按图 5-4-17 所示添加摄像头。

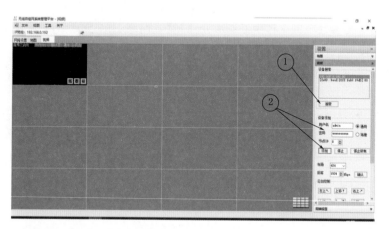

图 5-4-17　添加摄像头

　　在图 5-4-17 中①所指部分搜索电台所链接的摄像头 IP；②所指部分输入摄像头所设置的用户名和密码，绑定所链接电台的节点 ID，点击添加；③所指部分通过点击方向按钮可以设置图像的布局、码率和控制云台摄像头的移动；④所指部分在已打开的图像上单击鼠标右键可快捷调整视频的分辨率。

　　3. 工具栏设置

　　工具栏设置如图 5-4-18 所示。

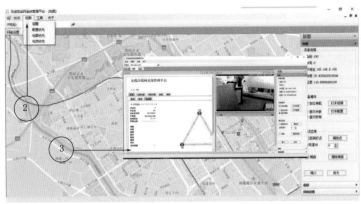

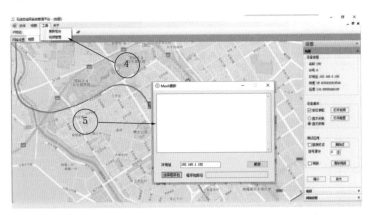

图 5-4-18　工具栏设置

在图 5 - 4 - 18 中①所指部分导航栏单击文件按钮，选择导入地图，可从本地导入预先下载的离线地图文件；②所指部分单击视图按钮，可以选择显示数据摆放的位置；③所指部分图为选择配置优先的视图；④所指部分单击工具栏选择更新电台，可对电台进行系统更新操作；⑤所指部分在弹出的提示框中选择要更新的系统文件，添加连接点电台的 IP 地址，点击更新，整个更新过程 2min 左右即可完成。

（七）状态选项卡

状态选项卡如图 5 - 4 - 19 所示。

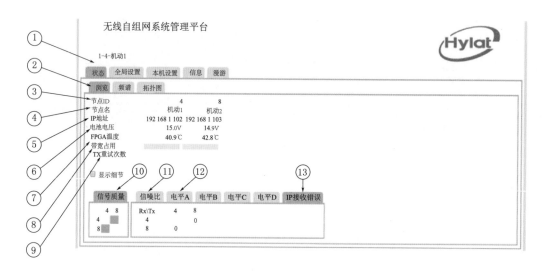

图 5 - 4 - 19　状态选项卡

在图 5 - 4 - 19 中①所指部分导航到状态选项卡；②所指部分选择概览选项卡；③所指部分节点 ID，显示与本地设置选项卡节点 ID 一致，当颜色显示为红色时，信息堵塞；④所指部分节点名，显示与全局设置选项卡节点名一致；⑤所指部分 IP 地址，显示与全局设置选项卡 IP 地址显示一致，此参数为超链接，点击可进入选中节点的网管界面；⑥所指部分电池电压，显示电台当前的工作电压。建议工作电压为 10～15V；⑦所指部分 FPGA 温度，当显示黄色或者红色时，温度过高，红色时电台需要冷却；⑧所指部分带宽占用，每格都显示为网络中总的传输速率，当格中显示蓝色时为电台发送的数据，显示橙色时为电台转发的数据；⑨所指部分 TX 重试次数，当显示不为“0”时，请检查是否有干扰；⑩所指部分信号质量，通过颜色表示信号质量，绿色/黄色/红色/白色－16QAM/QPSK/BPSK/没有链路；⑪所指部分信噪比，显示每个电台的信号接收与发射质量，横排为电台发射（TX）信号质量，竖排为电台接收（RX）信号质量；⑫所指部分天线 A 口信号电平值（电平 A）；⑬所指部分电台接收 IP 数据的错误数量（IP 接收错误）。

（八）频谱选项卡

通过电台的频谱功能，可以检测电台所在环境是否有信号干扰。当有其他频点干扰、底噪被抬高或者接收其他电台信号的电平值由于多径效应衰减严重时，可根据情况更改频点或位置。电台、大功率设备（如机柜）等都是干扰源。如图 5 - 4 - 20 所示。

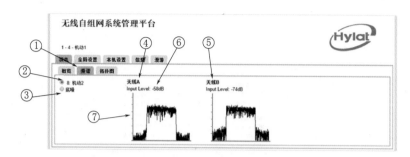

图 5-4-20　频谱选项卡

在图 5-4-20 中①所指部分导航到频谱选项卡；②所指部分"8"为节点 ID，"机动2"为节点名称，选择后，频谱显示电台接收"8"号节点信号电平值；③所指部分底噪，选择后，频谱显示电台所在环境是否有信号干扰；④所指部分天线 A 接收的信号（天线A）；⑤所指部分天线 B 接收的信号（天线 B）；⑥所指部分天线 A 接收信号电平值为－58dB；⑦所指部分天线 A 的频谱。

（九）拓扑图选项卡

网络拓扑图为电台组网后自动生成的拓扑图，显示所有的电台节点 ID、电台名称，通过线路的颜色表示电台的信号接收和发射链路质量。点击拓扑图中的节点，状态信息和GPS 信息与之对应，所有路径显示所有节点拓扑图或与被选择节点有关节点的拓扑图，如图 5-4-21 所示。

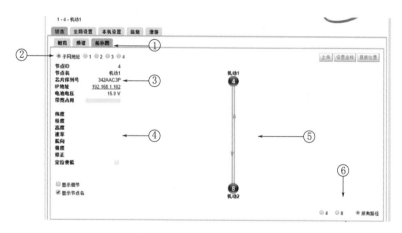

图 5-4-21　拓扑图选项卡

在图 5-4-21 中①所指部分导航到拓扑图选项卡；②所指部分子网地址为默认该子网内所有节点组网拓扑图；③所指部分显示为状态选项卡中的信息，与在拓扑图中选择的节点对应；④所指部分 GPS 信息，当电台连接 GPS 模块后，GPS 定位信息在此显示，与在拓扑图中选择的节点对应；⑤所指部分机动 2；⑥所指部分节点 8。

（十）全局设置选项卡

全局设置选项卡如图 5-4-22 所示，其配置见表 5-4-1～表 5-4-3。

图 5-4-22 全局设置选项卡

表 5-4-1　　　　　　　　　　　　　基　本　配　置

参　数	范　围	描　述
节点名称	0～12 个字符	设置电台名称，便于区分网内电台的作用
辅助地址	0 或 1	关闭或开启模拟视频功能，此功能需要 D550 板卡和权限支持
速度单位	kn/h mile/h km/h	如果电台开启并连接了 GPS，可更改 GPS 的速度单位
流媒体协议	UDP Multicast/ RTSP Multicast/ RTSP Unicast	如果电台选配了 D550 板卡并开启了权限，有 3 种流媒体的协议
启用外部电源	开启或关闭	电台可以对外提供 12VDC（0.5A）的电源。此功能已被取消
启用 DHCP	开启或关闭	通常用于连接路由器，获取内网地址
IP 地址	如：192.168.0.10	网内所有电台和与电台连接的 IP 设备，需要在同一网段上
子网掩码	如：255.255.255.0	子网掩码
网关	如：192.168.0.1	跨网络段传输的默认网关
组网模式	默认为 16 节点，高速	默认为 16 节点，高速，不可修改
更新所有节点	开启或关闭	开启此功能后，更改标有"＊"参数，网内其他电台一键同时更改此参数
网口 1 模式	透传 LAN<->VLAN VLAN<->LAN LAN 数据模式 多 LAN 模式 Eth1 tagged VLAN	透传——透传模式。 LAN<->VLAN——当数据包从端口进入节点时打上 VLAN 标签，当数据包离开时剥离 VLAN 标签。 VLAN<->LAN——当数据包从端口进入节点时剥离 VLAN 标签，当数据包离开时打上 VLAN 标签。 LAN 数据模式——允许 LAN 数据通过，从端口禁止任何 VLAN 数据通过。 多 LAN 数据模式——允许 VLAN 数据通过，从端口禁止任何 LAN 数据通过。 Eth1 tagged VLAN——允许含有网口 1 设置的 VLAN 标签的数据通过

表 5 - 4 - 2 以 太 网 口 配 置

参　数	范　围	描　　述
网口 1 优先级	0/1/2/3/4/5/6/7	通常使用 4
网口 1 标签	1—4095	网口的 VLAN 标签
网口 1 连接状态	Not Connected 10 Base-T 100 Base-T	网口工作状态

表 5 - 4 - 3 网 口 隧 道 配 置

参　数	范　围	描　　述
本地隧道 IP 地址（网口 1）	IP 地址	用来传递隧道封装数据的 IP 地址，此 IP 地址可用来响应 ICMP 协议的 ping 命令
本地隧道 IP 地址（网口 2）	IP 地址	同上
VLAN 标签	0～4095	标识用于 VLAN 隧道模式。设置 0，可使用 LAN 模式

注：IGMP/RIP 配置中的所有参数为出厂默认参数，请勿动。

（十一）本机配置

本机配置如图 5 - 4 - 23 所示，配置参数见表 5 - 4 - 4～表 5 - 4 - 9。

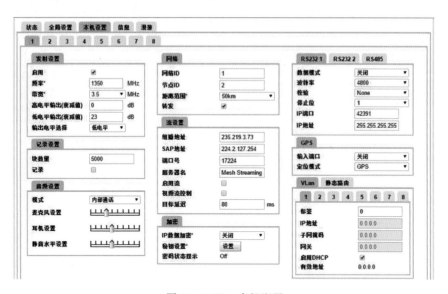

图 5 - 4 - 23　本机配置

表 5 - 4 - 4 发 射 配 置

参　数	范　围	描　　述
启用	开启或关闭	开启此功能电台才能进行组网
频率	340～470MHz/ 1000～1500MHz	根据需求配置频率，这是电台组网的重要参数，组网的电台此参数必须相同。U 段设备范围 340～470MHz，L 段设备范围 1000～1500MHz，步进为 0.125MHz

续表

参　数	范　围	描　述
带宽	2.5MHz/3MHz/ 3.5MHz/5MHz/ 6MHz	根据需求配置射频带宽，这是电台组网的重要参数，组网的电台此参数必须相同。射频带宽影响传输速率和传输距离，选择射频带宽越高传输速率越高，但相对传输距离下降。选择射频带宽越低传输距离越高，但相对传输速率下降
高电平输出（衰减值）	0～30dB	根据需求配置衰减值，此参数严重影响电台的通信距离
低电平输出（衰减值）	0～30dB	根据需求配置衰减值，此参数严重影响电台的通信距离
输出电平选择	高电平 低电平	选择高电平，衰减值高中的参数生效。选择低电平，衰减值低中的参数生效

表 5 - 4 - 5　　　　　　　　音　频　设　置

参　数	范　围	描　述
模式	关闭 内部通话 远程通话	关闭——不启用耳机麦克。 内部通话——在同一 mesh 网络内可听到对讲音频。 远程通话——允许使用 RTSP 协议持续发送音频到一外部 IP 网络
麦克风设置	可滑动	左右滑动调节麦克音量
耳机设置	同上	左右滑动调节耳机音量
静音水平设置	同上	滑动滑块至麦克可以使用的电平。低于这个电平，没有语音传输

表 5 - 4 - 6　　　　　　　　网　络　配　置

参　数	范　围	描　述
网络 ID	1～63（16 节点模式）	根据需求配置网络 ID，这是电台组网的重要参数，组网的电台此参数必须相同
节点 ID	0～15	电台组网，节点 ID 不能相同，否则冲突的电台无法组网，LED 指示灯出现红绿交替闪烁现象
转发	打开或关闭	开启后可以通过电台转发数据，默认开启

表 5 - 4 - 7　　　　　　　　RS232 2　配　置

参　数	范　围	描　述
数据模式	关闭 UDP TCP Server/Client	关闭——数据传输模式关闭。 UDP——数据以 UDP 协议传输。 TCP Server/Client——允许使用 Telnet 连接端口。设置一个节点为 TCP Server 模式，另一节点为 TCP Client 模式，两个节点间建立 TCP 连接

续表

参　数	范　围	描　述
波特率	1200、2400、4800、9600、19200、38400、57600、115200	设置串口传输速率。默认为 4800
校验	None 无 Even 偶校验 Odd 奇校验	校验用来对传输数据进行查错。默认设置为无
IP 端口	42391	设置数据传输使用的端口号。 设置数据模式为 TCP，端口为 23，可通过 telnet 协议连接端口。 设置数据模式为 UDP，端口号相同，可使两台不同节点的串口相互通信，默认为 42391
IP 地址	如：192.168.0.1	RS232 2 为点对点双向传输。 IP 地址设置为对点电台地址

表 5 - 4 - 8　　　　　　　　　　GPS　配　置

参　数	范　围	描　述
输入端口	关闭 RS232-1 RS232-2 RS485 Encoder	关闭表示关闭 GPS 信号源。 当 GPS 连上 RS232-2、RS485 端口时选择相应的端口。RS232-1 无法使用。 当 GPS 连上 Encoder 端口时选择此端口

表 5 - 4 - 9　　　　　　　　　VLAN 和静态路由配置

参　数	范　围	描　述
标签	1～4095	VLAN 标签
IP 地址	如：192.168.0.1	电台虚拟 VLAN 的 IP 地址
子网掩码	如：255.255.255.0	电台虚拟 VLAN 的子网掩码
网关	如：192.168.0.1	虚拟 VLAN 对应的默认网关地址
启用 DHCP	勾选或取消	如果 VLAN 内有 DHCP 服务器可勾选

四、电台加密配置

电台加密配置如图 5 - 4 - 24 所示。所有电台的 DES 密钥必须一致，否则 IP 层失去连接。

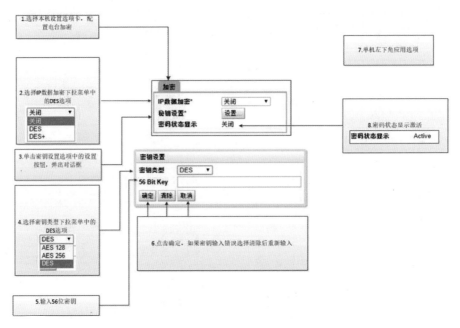

图 5 - 4 - 24 电台加密配置

五、电台漫游配置

(一) 功能介绍

漫游允许电台从一个区域移动到另一个区域,自动组网,这是非常有用的。例如在城市网络,可以有大量的节点或提供足够的带宽以支持多个频率的使用。每个单独的网状网络称为区域,一个区域可以由一个或多个基站节点组成,如图 5 - 4 - 25 所示。漫游目前支持四个操作模式:"关闭""轮询""位置辅助"和"外部/手动"。

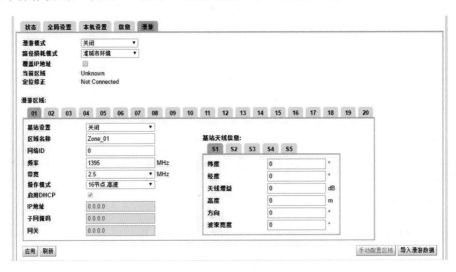

图 5 - 4 - 25 电台漫游配置

（二）轮询配置

"轮询"模式下，会在每个区域搜索10s，找到信号连接网络，如果没有找到信号，或者当前的信号丢失，那么就会轮循到下一个区域。电台支持20套区域参数，导致寻找到正确的区域信号变得十分缓慢。这种模式的操作电台直到信号丢失才会"轮循"到下一个区域，即使备用网络有更高的信号质量。此模式操作简单，如图5-4-26所示。

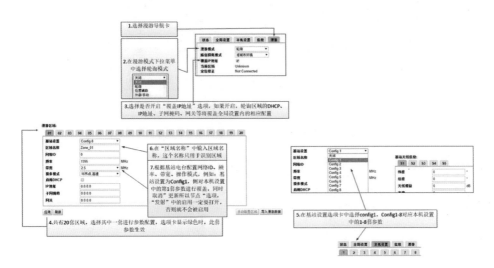

图5-4-26 轮询配置

（三）位置辅助配置

"位置辅助"GPS定位模式下，每个区域最多可配置5个基站。通过配置基站的经度、纬度、高度、天线增益、方向、波束宽度等信息，以及"路径损耗模式"中选择的模式，建立所有区域的路径损耗模型，漫游的电台会选择最好的网络连接。此模式下的电台必须连接GPS模块。GPS在遮挡严重的区域可能无法正常使用，但非常适合使用无人机。如图5-4-27所示，位置辅助配置与轮询的3～7步配置相同，不再重复说明。

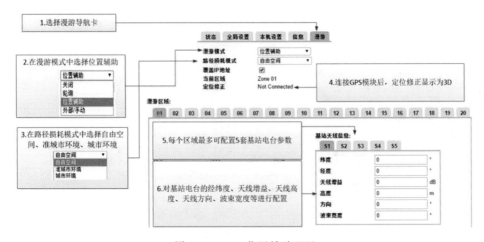

图5-4-27 位置辅助配置

（四）外部/手动配置

"外部/手动"模式允许控制区域通过远程命令或手动操作，如图 5-4-28 所示，外部/手动配置中与轮询的 3~7 步配置相同，不再重复说明。

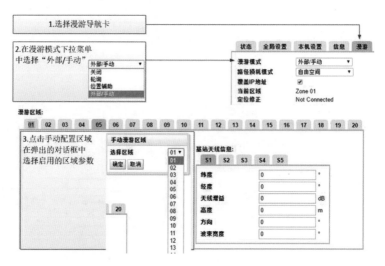

图 5-4-28　外部/手动控制

第五节　电力无人机应急通信系统

随着无人机技术的发展，无人机应急通信系统在电力巡检、抢险救灾中得到越来越多的应用。

一、拍摄应用

（一）电力巡检

1. 无人机电力巡检的优势

无人机通过 800×600 红外相机云台精准捕捉监控画面、快速获取高精度信息及图传资料、及时捕捉高分辨率数码影像及电塔导线温度等，不仅可以对已有电力线路进行勘察检验和日常维护，还可实现危险点排查、故障巡视、特殊巡视、线路资产管理以及各种专业数据及技术分析，其作业模式和技术模式也是传统工人电力巡线所不能及的。

图 5-5-1　无人机挂载 4K 30 倍光学变焦镜头、红外热成像相机拍摄

无人机通过挂载的 4K 30 倍光学变焦镜头、红外热成像相机进行拍摄，如图 5-5-1 所示。无人机技术参数见表 5-5-1。

无人机电力巡检的优势如下：

（1）体积小，重量轻，续航时间长，方便野外使用。

（2）挂载镜头支持 30 倍光学变焦，搭配红外热成像系统，能够更快、更精确地发现故障点。

表 5 - 5 - 1　　　　　　　　　　电力巡检使用无人机技术参数

参　　数	数　　值
最大翼展	(1700±20) mm
对称电机轴距	(1170±20) mm
空载起飞重量	(10.3±0.2) kg
最大起飞重量	≤13.3kg
任务载重	≤3kg
空载悬停时间	≥60min（海拔 1000m 以下，25℃）
3kg 负载悬停时间	≥35min（海拔 1000m 以下，25℃）
最大飞行速度	15m/s
最大爬升速度	4m/s
最大下降速度	2m/s
相对爬升高度	4000m（平原）
最大工作海拔	5000m（相对爬升 2000m）
抗风能力	7 级风
GPS 悬停精度	垂直方向：±1.5m；水平方向：±2m
遥控器最大控制距离	7km
地面站最大控制距离	10km

2. 4K30 倍变焦高清低延时吊舱摄像机

无人机摄像机外形如图 5-5-2 所示，其技术参数见表 5-5-2。

4K30 倍变焦高清低延时吊舱摄像机具有 30 倍光学变焦、829 万像素高清镜头，高清 HDM 信号输出，视频输出分辨率最高为 1920×1080P/60，摄像机前端支持最大 4K 分辨率存储卡存储，具有低功耗、大光圈、快速自动对焦、图像稳定清晰等优点。4K30 倍变焦高清低延时吊舱摄像机具有以下特点：

（1）集成式设计、图传频率现场可调，操作便捷，即装即用。

（2）高清图传系统实时稳定，抗干扰能力强。

（3）高精度自稳云台，有效防止图像抖动。

（4）云台控制速度可调，操作灵敏，指向精确。

（5）高清摄像机端视频存储分辨率可达 4K。

（6）高清摄像机端视频存储最大支持 128G 存储卡（标配 32G）。

（7）高清摄像相机支持 30 倍光学变焦，使图像细节能够完美体现。

图 5-5-2　无人机摄像机外形

（8）根据航拍特点，相机用快速对焦算法，对焦时间小于 1s。

（9）超任照度，在弱光环境下仍能清显示图像特征。

（10）高清低延时图传模块标配 32G 储存卡实时录像存储任务视频。

（11）内置图传模块可选配，频率、带宽、功率及其他功能均可定制化生产。

表 5-5-2　　　　　　　　　　4K30 倍变焦高清低延时吊舱摄像机技术参数

参　数	数　值
云　台	
俯仰角度	−120°～30°
云台偏航方向	±165°
角度控制精度	±0.02°
高 清 摄 像 头	
特色功能	指点放大、目标跟踪、目标伴飞
总像素	829 万
分辨率	3840（H）×2160（V）
光学变倍	30 倍
传感器	1.7in，CMOS
HDM 默认输出	默认 1080P30

3. 热成像吊舱

无人机热成像吊舱外形如图 5-5-3 所示，其技术数据见表 5-5-3。

图 5-5-3　无人机热成像吊舱外形

无人机所挂载的云台部件采用集成式设计，将自稳云台、1024 热像镜头、无线图传集成一体，配合多旋翼无人机可全天候完成稳定、清晰的视频采集和数据传输任务。1024 热像镜头固定于高精度三轴自稳云台，自稳云台保证 1024 热像镜头的姿态始终朝向设定的方向并在震动中保持图像的稳定。通过低延时图传模块，可以将 1024 热像镜头采集到的高清图像通过无线数据链路传输到指挥中心，图传模块的频率、带宽等参数通过调频器进行调节。1024 热像镜头有 4 倍电子变焦、78 万像素高清镜头，HDMI 信号输出，视频输出分辨率最高为 1024×768，摄像机前端支持最大 4K 分辨率存储卡存储，具有功耗低、快速自动对焦，图像稳定清晰等优点。

表 5-5-3　　　　　　　　　　无人机热成像技术数据

参　数	数　值
云　台	
俯仰角度	−120°～+30°
偏航方向	±165°
控制精度	±0.02°

续表

参　　数	数　　值
热 成 像 摄 像 头	
特色功能	指点放大、目标跟踪、目标伴飞
总像素	78 万
分辨率	1024（H）×768（V）
电子变焦	8 倍
传感器	氧化钒非制冷红外焦平面探测器
镜头焦距	50mm
HDM 默认输出	默认 1080P30

（二）无人机灾害监测

1. 洪涝灾害监测

洪涝灾害监测一般是指通过地面上的水文实测站点获取的水文数据来分析整个流域的汛情，但这些点上的分布特征很难形成完整的面上信息。利用无人机航空遥感系统拍摄的灾情信息比其他常规手段更加快速、客观和全面。

无人机在洪涝灾害监测上的主要应用如下：

（1）利用航拍结果，进行对比分析，详细分析汛情的发展，研究汛情的变化情况，把握汛情现状和发展趋势。

（2）在航片上提取洪水范围，评估灾害损失情况。

（3）结合地形数据可以确定水位和水深，结合土地利用数据库可以确定不同的土地淹没类型和面积。

2. 气象灾害监测

利用无人机航空遥感系统提供的灾情信息和图像数据可以进行灾害损失评估与灾害过程监测，估计灾害发生的范围，准确计算受灾面积，并进行灾害损失评估。对于雨雪、冰冻灾害，可以对低温的发生强度以及低温冷害的分布范围实施实时动态监测，并且能够迅速地研究低温冷害发生发展的一般规律，为相关部门及时采取有效救灾措施提供及时全面的信息。

3. 地质灾害巡查与防护

无人机航空遥感系统提供的地质灾害区图像包括地质、地貌、土壤、水文、土地利用和植被等信息，这些信息构成地质灾害灾情评估的基础数据，对于提高该区域地质灾害管理和灾情评估的科学性、准确性和有效性非常重要，而且可以大大提高减灾、抗灾、防灾的效率和现代化水平。对于山体滑坡和泥石流等重大地质灾害，可以分析灾害严重程度及其空间分布，帮助政府分配紧急响应资源，快速准确地获取泥石流环境背景要素信息，而且能够监测其动态变化，为准确的预报提供基础数据。

4. 地震灾害救援与灾情评估

地震具有突发性和强破坏性的特点，在地震灾害的救援过程中，情报的时效性非常关键。地震发生以后，必须快速掌握地震灾害早期综合情报，快速调查清楚地震灾害造成的损失，以便迅速准确地制定救灾决策和实施措施，把灾害造成的损失减少到最小。但是由于震后通信、交通中断，而且地震后往往余震不断，采用常规手段无法快速了解灾情信息。无人机航空遥感系统可以快速获取地震灾区信息，利用其搭载的传感器真实记录灾区地球表面的自然地貌、人工景观以及人类活动的痕迹，能够准确客观、全面地反映地震后灾区的全面景观，为震害调查、损失快速评估提供科学依据，而且可以确定极震区位置、灾区范围、宏观地震烈度分布、建筑物和构筑物破坏概况以及急需抢修的工程设施等，以便为震后速报灾情、快速评估地震损失、救灾减灾提供决策。

图 5-5-4　用于灾害监测的无人机

5. 无人机灾害监测的优势

以上各种灾害监测可以通过无人机挂载全景相机＋36 倍高清变焦吊舱实现，如图 5-5-4～图 5-5-6 所示，其技术数据见表 5-5-4～表 5-5-6。

无人机灾害监测的优势如下：

（1）无人机航程远，续航时间长，便于携带。

（2）挂载全景相机，速度快，无死角，可对地面及空中情况进行大面积勘察，能为决策者提供有效的图像支撑。

表 5-5-4　　　　　　　　　　用于灾害监测的无人机技术数据

参　数	数　值
最大翼展	（2323±20）mm
电机轴距	（1600±20）mm
空载起飞重量	（11±0.2）kg
最大起飞重量	≤16.2kg
任务载重	≤5kg
空载悬停时间	≥70min（海拔 1000m 以下，25℃）
5kg 负载悬停时间	≥40min（海拔 1000m 以下，25℃）
最大飞行速度	15m/s
最大爬升速度	4m/s
最大下降速度	2m/s
相对爬升高度	4000m（平原）
最大工作海拔	5000m（相对爬升 2000m）
抗风能力	7 级风
GPS 悬停精度	垂直方向：±1.5m；水平方向：±2m
遥控器最大控制距离	7km
地面站最大控制距离	10km

（3）全景技术是目前全球范围内迅速发展并逐步流行的一种视觉新技术，它可给人们带来全新的真实现场感和交互式的感受。

1）全。全方位、全面地展示了360°球型范围内的所有景致，能给人以三维立体的空间感觉。

2）景。实景，真实的场景，最大限度地保留了现场的真实性。

6. 360°全景技术的优点

360°全景技术具有的优点如下：

（1）真实感强、无视角死区，水平360°，垂直80°全方位展示。

图 5-5-5 全景相机

表 5-5-5　　　全景相机技术参数

参　数	数　值
CCD（传感器）数量	6个
CCD（传感器）尺寸	1cm×1cm
感光元件	CMOS
连拍	1s/30张，2s/30张，3s/30张，1s/10张，2s/10张，3s/10张，1s/5张，1s/3张
焦距	3mm
总像素	1200万×6
存储量	32G×6
电池类型	可充电锂离子电池
倾斜相机角度	35°
曝光方式	触发曝光
曝光补偿	Portune模式下
ISO感光度	800/400/200/100（Portune模式下）
白平衡	自动/3000K/5000K/6500K（Portune模式下）
存储介质	Micro SD

图 5-5-6　36倍高清变焦吊舱

（2）观赏者可通过鼠标任意放大缩小，随意拖动。

（3）拍图速度快，数据小，硬件要求低，成像速度快。

（4）高清晰度的全屏场景，令细节表现更完美。

36倍高清变焦吊舱摄像机具有36倍光学变焦、238万像素、星光级高清镜头、高清HDMI信号输出，视频输出分辨率最高为1920×1050P/60。具有低功耗、大光圈、快速自动对焦等优点，支持可见光目标跟踪功能。

表 5 - 5 - 6   36 倍高清变焦吊舱技术数据

参　　数	数　　值
云　　台	
俯仰角度	−90°～45°
横滚角度动作范围	−45°～+45°
水平角度动作范围	−150°～+150°
高 清 摄 像 头	
角度抖动量	俯仰、横滚：0.01°；水平方向：0.02°
传感器	1/3in 300 万像素 COMS
镜头	36 倍光学变焦

（三）无人机火灾救援

1. 无人机火灾救援优势

消防部队所面对的各类灾害事故现场往往瞬息万变，在灾害事故的处置过程中，利用无人机进行实时监控追踪，能够提供精准的灾情变化情况，便于各级指挥部及时掌握动态灾害情况，从而作出快速、准确的对策，最大限度地减少损失。利用无人机的载荷，可搭载投掷系统，协助灭火。

无人机火灾救援的优势如下：

（1）利用无人机载重量高的优势，搭配双光吊舱可满足火灾救援现场的可见光拍摄及红外检测，有利于对火情的预判。

（2）搭载抛投装置，可实现对火灾的处置，气体检测吊舱可检测多种气体，为火灾救援提供数据支撑。

2. 无人机火灾救援适用产品

火灾救援适用产品包括中型无人机挂载双光低延时 30 倍变焦吊舱、干粉灭火弹抛投装置、气体检测吊舱，如图 5 - 5 - 7～图 5 - 5 - 10 所示，其技术数据见表 5 - 5 - 7～表 5 - 5 - 9。

图 5 - 5 - 7　火灾救援中型无人机挂载双光低延时 30 倍变焦吊舱＋干粉灭火弹抛投装置、气体检测吊舱

表 5 - 5 - 7   火灾救援无人机技术数据

参　　数	数　　值
最大翼展	(2570±10) mm
对称电机轴距	(1765±10) mm
空载起飞重量	(22.5±0.2) kg

参　数	数　值
最大起飞重量	37.5kg
任务载重	≤15kg
空载悬停时间	≥75min（海拔1000m以下，25℃）
15kg负载悬停时间	≥30min（海拔1000m以下，25℃）
最大飞行速度	18m/s
最大爬升速度	4m/s
最大下降速度	3m/s
相对爬升高度	4000m（平原）
最大工作海拔	5000m（相对爬升1500m）
抗风能力	7级风
GPS悬停精度	垂直方向：±1.5m；水平方向：±2m
遥控器最大控制距离	7km
地面站最大控制距离	10km

3. 双光低延时30倍变焦吊舱

摄像机具有30倍光学变焦、高清HDMI信号输出，视频输出分辨率最高为920×1080P/25，具有低功耗、大光圈、快速自动对焦、图像稳定清晰等优点，还具备红外热像镜头，可用于特种工作。其特点如下：

（1）集成式设计、图传频率现场可调，操作便捷，即装即用。

（2）高清图传系统实时稳定，抗干扰能力强。

（3）高精度三轴增稳云台，有效防止图像抖动。

（4）云台控制速度可调，只有一键回中功能，操作灵敏，指向精确。

（5）高清摄像相机支持30倍光学变焦，使图像细节能够完美体现。

图5-5-8　双光低延时30倍
变焦吊舱

（6）25mm热成像摄像机热像仪540×512分辨率（镜头规格可定制）。

（7）根据航拍特点相机用快速对角算去，对时间小于1s。

（8）超低照度，在弱光环境下仍能显示图像特征。

（9）支持高清录像，最高支持128GB存情卡（标配32G），实时录像存储任务视频。

（10）内置图传模块可选配，频率、带宽、功率及其他功能均可定制化生产。

（11）部件自带负载挂钩，具有功能扩展能力，可以选配挂载声光吊舱，气体探测装置，抛投机构等任务挂件。

4. 干粉灭火弹抛投装置

干粉灭火弹抛投装置王要应用于消防灭火，以无人机为载体，通过遥控器进行远程控制抛投，每个装置可携带6枚90mm外径的拉发式高效干粉灭火弹。由于火灾现场具有很多不

图 5 - 5 - 9 干粉灭火弹抛投装置

确定性，特别对于开敞的大面积火场，仅凭观察和经验难以确定现场实际情况，但是无人机挂载灭火抛投装置后，可以取代工作人员进入火灾现场，极大地降低了潜在的人员伤亡危险。因此，采用搭载名种侦查设备的无人机来进行火场的初步观测侦查，确定火点位置，显得尤为重要与便捷。配合热成像任务吊舱，可以有效地对火源进行精确定位，可以获得分重点部位的清晰图像，同时，对于高层建筑中的可疑部位和重点区域，地面人员还可以利用基站控制台操控无人机进行全方位侦察，第一时间获取火点位置、燃烧面积、火势状况等重要信息。该装置携带的灭火弹具有可靠性强、灭火范围大、灭火能力强等优点，可以实现对气体、电器、固体以及淌洒地面的液体进行初期灭火，适用于林区、工矿企业和消防演习等场合。

表 5 - 5 - 8　　　　　　　　　　干粉灭火弹抛投装置技术数据

参　数	数　值	参　数	数　值
工作电压	DC12V±0.5V	负载数量	6 枚（单个装置）
工作电流	≤90mA（DC12.5V）	可抛投重量	≤6kg（单个装置）
抛投类型	挂载式多抛投		

5. 气体探测吊舱

气体探测吊舱是一款专门针对环保行业的新型智能探测器，搭配多旋翼无人机使用，可以探测 Cl_2（氯气）、SO_2（二氧化硫）等 8 种气体，并且将探测到的气体类型以及浓度实时地显示到集成式的地面站上，方便快捷地让使用者得知有害气体的浓度，并及时有效的做出相应措施。使用无人机搭载气体探测吊舱进行大气环境检测作业，具有检测效率高、机动灵活、使用方便、受环境影响小和精度高等优点，可以承担高风险的飞行任务，为大气环境监测提供了一种新选择。

图 5 - 5 - 10 气体探测吊舱

表 5 - 5 - 9　　　　　　　　　　气体探测吊舱技术数据

参　数	数　据	参　数	数　据
Cl_2（氧气）		NH_3（氨气）	
量程	0～100μL/L	量程	0～100μL/L
分辨率	0.1μL/L	分辨率	0.1μL/L
SO_2（二氧化硫）		CO（一氧化碳）	
量程	0～200μL/L	量程	0～2000μL/L
分辨率	1μL/L	分辨率	1μL/L

续表

参　数	数　据	参　数	数　据
H₂S（硫化氢）		NO₂（二氧化氮）	
量程	0～500μL/L	量程	0～20μL/L
分辨率	0.1μL/L	分辨率	0.1μL/L
HCl（氯化氢）		NO（一氧化氮）	
量程	0～200μL/L	量程	0～1000μL/L
分辨率	1μL/L	分辨率	0.5μL/L

二、广播应用

在无人机机体挂载数字语音广播系统，通过 TTS 智能语音转换，无需对讲机，实现纯数字传输，广播声音更清晰。声压级高达 116dB，接近客机起飞时音量，纤巧的体积能释放出洪亮的音量。

（一）应急广播

传统的语音播送系统因自身性能的不完善，容易受到复杂环境的影响而无法进行正常作业。而搭载空中喊话器的无人机，可在交通治安、灾区搜救、火灾救援等场景下发挥出自身的优势，为救援人员提供救援上的便利。

应急广播适用产品包括无人机、三光 10 倍变焦云台、双路声光吊舱，如图 5-5-11～图 5-5-13 所示，其技术数据见表 5-5-10～表 5-5-12。利用三光云台可昼夜适用，搭配双路声光吊舱，其声音洪亮，同时具备警示功能，使用效果更好。

图 5-5-11　应急广播无人机挂载三光 10 倍变焦云台、双路声光吊舱

表 5-5-10　　　　　　　　　应急广播无人机技术数据

参　数	数　值
最大翼展	（1700±20）mm
对称电机轴距	（1170±20）mm
空载起飞重量	（10.3±0.2）kg
最大起飞重量	≤13.3kg
任务载重	≤3kg
空载悬停时间	≥60min（海拔 1000m 以下，25℃）
3kg 负载悬停时间	≥35min（海拔 1000m 以下，25℃）
最大飞行速度	15m/s
最大爬升速度	4m/s

续表

参　数	数　值
最大下降速度	2m/s
相对爬升高度	4000m（平原）
最大工作海拔	5000m（相对爬升 2000m）
抗风能力	7级风
GPS悬停精度	垂直方向：±1.5m；水平方向：±2m
遥控器最大控制距离	7km
地面站最大控制距离	10km

图 5-5-12　三光低延时
10 倍变焦云台

摄像机具有 10 倍光学变焦、400 万像素高清镜头，高清 HDMI 信号输出，具有低功耗、大光圈、快速自动对焦、图像稳定清晰等优点。三光低延时 10 倍变焦云台具有以下特点：

（1）集成式设计，图传频率现场可调，操作便捷，即装即用。

（2）高清图传系统实时稳定，抗干扰能力强。

（3）高精度自稳云台，有效防止图像抖动。

（4）云自控制速度可调，具有一键回中功能，操作灵敏，指向精确。

（5）高清摄像相机支持 10 倍光学变焦，使图像细节能够完美体现。

（6）根据航拍摄像机采用快速对角算法，对焦时间小于 1.5s。

（7）超低照度，在弱光环境下仍能清晰显示圆像特征。

（8）支持前端高清录像，高清低延时图传模块和相机各标配 32G 储存卡，实时录像存储任务视烦。

表 5-5-11　　　　　三光低延时 10 倍变焦云台技术数据

参　数	数　值
云　台	
俯仰角度	−120°～30°
偏航方向	±165°
角度控制精度	±0.02°
高清摄像头	
特色功能	指点放大、目标跟踪、目标伴飞
总像素	216 万
分辨率	1920（H）×1080（V）
光学安倍	10 倍

续表

参　　数	数　　值
热　成　像	
热成像分辨率	640×480
热成像镜头焦距	25mm
激光测距	600m

（9）内置图传模块可选配，频率、宽带、功率及其他功能均可定制化生产。

（10）部件自带负载挂钩，具有功能扩展能力，可以进配挂载声光吊舱，气体探测装置，抛投机构等任务挂件。

双路声光吊舱是一款以无人机为搭载平台的空中扩音、通信、照明装置，工作高度能达到相对地面 50～100m，通信距离 500m，在森林防火、火灾救援、灾区搜救、交通治安、林场看护等场合可以起到很大的作用。

图 5-5-13　双路声光吊舱

表 5-5-12　　　　　　　　　双路声光吊舱技术数据

参　　数	数　　值
扩　音　器	
声音传播可听距离	200m 处可听最大 65dB；100m 处响亮最大 80dB；50m 处响亮最大 90dB；25m 处刺耳最大 120dB；飞机本身有噪音，喇叭有定向特性；分贝数并不能完全评估喇叭的特性
语音工作频率	480MHz 或 433MHz（可选）
探　照　灯	
功率	16W

（二）野外救援

在茂密丛林等复杂环境下，因信号传输不稳定，信息交流困难，从而降低森林救援人员作业的效率，甚至错过最佳救援时间。在森林搜救的目标范围内，利用数字语音广播系统，并结合无人机图传功能，可远距离、高效率的开展救援作业。在飞行的过程中循环播放救援指导信息，足以让求救者接收到相关信息，积极配合警务人员，从而提高工作效率。

（三）驱离无关人员

重要地带、危险部位需要重点防护，当人员误入或不法分子进入时，能否有效制止是处置的关键，无人机依托图传功能，第一时间发现突发情况，有利于快速处置，通过语音广播，可提示或警告无关人员，达到警示目的，快速驱离无关人员。

三、应急通信应用

（一）无人机在应急通信应用的优势

传统的应急通信车一直是保障临时通信的主力。但是由于技术条件、自身硬件等因素影响，应急通信车服务范围较小，信号稳定性较弱，而且有可能因为道路塌方、拥堵，而无法抵达受灾核心区域，从而难以及时提供应急通信服务。因此，采用传统方式建立应急通信站、恢复灾区基站，不但效率不高、成本较大，而且也十分困难。

随着无人机技术的发展以及通信技术的日益成熟，为灾区提供应急通信有了新的便捷手段。无人机产业发展迅速，各行业无人机产品应用广泛。凭借机动性、简便性、易操作性等优势，无人机可以很好地承担应急通信任务，在辅助灾害救援方面大有用武之地。

高度是影响无线通信覆盖范围的主要因素，因而与应急通信车相比，利用无人机来提供通信服务，信号会更为稳定，覆盖范围也更广阔，并且不受地形条件、道路状况等因素限制，能够快速在灾区构建临时通信网络，满足救灾、联络等需求。表5-5-13对4种无人机性能进行了比较。

表5-5-13　　　　　　　　　　　4种无人机性能比较

主要参数	系留式无人机	旋转翼无人机	固定翼无人机	消费级无人机
飞行高度	>100m	>3000m	>5000m	>100m
载荷重量	10kg	50～100kg	>100kg	0.5kg
供电方式	交直流	交直流	无外置电源	无外置电源
滞空时长	24h不间断	2～3h	>20h	0.5h
起飞方式	原地垂直起降	原地垂直起降	跑道起降	原地垂直起降
环境适应性	抗风6级	抗风5级以下	抗风5级以下	抗风5级以下
可操作性	简单培训可操作	专业人员操作	专业人员操作	按照说明书操作
成本	中	高	高	低
可否用于无人机基站	可以（首选）	可以	否	否

从表5-5-13可以看出，系留无人机部署快捷，可在10min内完成部署。无人机通过系留线缆从地面获得源源不断的能源，打破了机载动力源的限制，实现超长航时。系留式无人机系统的系留线缆内置光纤，除传输带宽大的特点外，信号闭路传输，不易被截获，提高了控制数据和任务数据的安全性。

（二）系留无人机平台的三大优势

无人机应急通信的研究与应用较早，但受飞行性能、续航能力、搭载能力等因素影响，一般主要选用无人直升机作为应急通信平台。多旋翼无人机出现后，开始应用于应急通信平台。由于多旋翼无人机大多体型较小，电池持续能力有限，无法实现长时间滞空，因而业内企业选择开发了系留式无人机这一全新机型，系留式无人机在应急通信中的应用如图5-5-14所示。

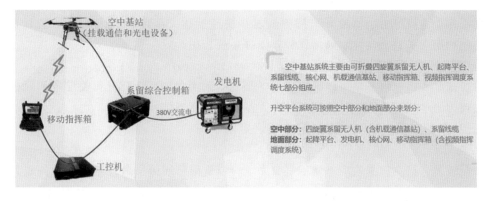

（a）空中基站系统

（b）机载通信基站

（c）地面指挥箱、核心网

图 5-5-14　系留式无人机在应急通信中的应用

相对于其他无人机，系留无人机平台具有以下三大优势。

1. 续航能力强

系留式无人机与一般无人机最大的不同，就在于这"系留"二字上。通过系留线缆连接无人机的方式，执行应急通信任务的系留无人机不仅能够获得充足动力以保持长时间滞空，还能够解决无人机和地面设备的通信，更好地保障通信需求。

2. 机动能力强

系留式无人机可由小型越野车搭载，能够快速抵达灾区或任务区，即便遇上道路阻隔，也能利用无人机的高度、灵活优势，发挥重要作用。

3. 使用简便

系留式无人机通信基站可以根据不同场景、不同需求，灵活配置相关设备和模板，因此操控较为简单，对于驾驶员的要求较低，基本上短期培训即可上岗。

（三）系留式无人机空中基站应急通信平台系统

1. 概述

系留式无人机空中基站应急通信平台系统（以下简称通信平台）是一种具备超长滞空能力的系留无人机通信系统，其空中平台通过系留光电线缆连接地面获得持续的电力供应，能够实现超长时间定点悬停。空中平台挂载 LTE 基站完成大范围专网通信保障，系留无人机光电线缆内置的光纤可以满足机载设备和地面通信设备之间的宽带及网络数据信息的传输，如图 5 - 5 - 15 所示。

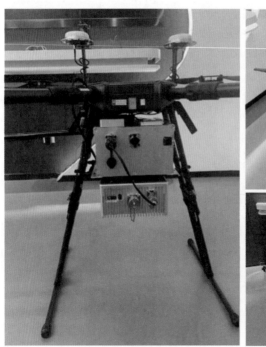

图 5 - 5 - 15 系留式无人机空中基站应急通信平台系统

升空平台内嵌视频指挥调度系统的装备，在几十公里范围内组建一个快速、可靠、稳定的专用网络，配套 Mesh 自组网设备实现了音视频采集回传、存储、推送、定位、多方音视频指挥调度等功能。

2. 基站

基站采用一体化设计，具备体积小、集成度高、容量大和功耗低等特点，适用于无人机机载场景，如图 5 - 5 - 16 所示。

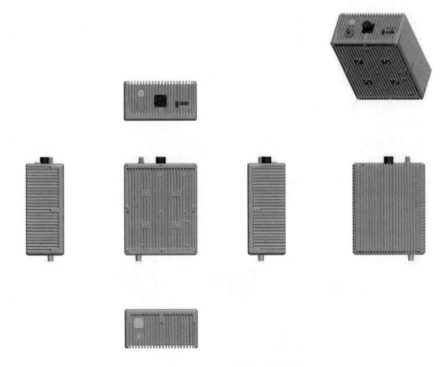

图 5-5-16　基站功能模块

基站功能模块的技术能力如下：

（1）集成度高，安装方便，高集成，重量轻，方便设计安装。

（2）基站功能模块高度集成，单板种类少，减少了备件种类，降低了维护成本，可以进行灵活的配置。

（3）基站采用高效功放技术 Digital Pre-distortion（DPD）＋Doherty 技术，可大幅提高功放效率，降低设备功耗。

（4）采用被动式散热设计大幅节省耗电，无噪声，适合于室内、室外不同场景安装。

（5）采用 SDR 架构，同一套硬件即支持无线接入网，又支持无线自组网，仅更换软件版本即可实现。

（6）无线接入模式下最大支持下行 90Mbit/s，上行 30Mbit/s。

（7）无线自组织网模式下最大支持下行 100Mbit/s，上行 100Mbit/s，双向同传 110Mbit/s；最大支持 32 节点，8 个邻站节点。

（8）由于设备发射功率大，灵敏度高，因此在视距节点间无线接入网拉远距离 40km，无线自组网拉远距离 80km。单站模式下，视频通话实测拉远距离 9.8km，视频通信有效覆盖面积可达 80km^2。

（9）网络拓扑可自组织。

（10）基于 OLSR（Optimized Link State Routing）路由协议，维护网络中所有节点的关系，包括邻站发现、邻站删除、路由更新、路由生成、拓扑更新，可以方便地支持车载站点间灵活移动后的任意拓扑结构。

3. 空中基站组成

空中基站系统主要由可折叠四旋翼系留无人机、起降平台、系留线缆、核心网、机载通信基站、移动指挥箱、视频指挥调度系统七部分组成。升空平台系统可以分为空中部分和地面部分。

（1）空中部分。空中部分包括四旋翼系留无人机（含机载通信基站）、系留线缆。

（2）地面部分。地面部分包括起降平台、发电机、核心网、移动指挥箱（含视频指挥调度系统）。

空中基站主要组成部分如图 5-5-17 所示。

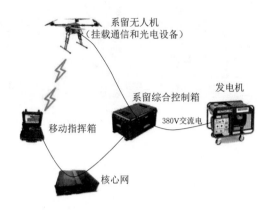

图 5-5-17　空中基站主要组成示意图

4. 系统优势

系留无人机空中基站应急通信平台系统优势如图 5-5-18 所示。

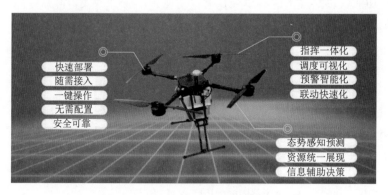

图 5-5-18　系留无人机空中基站应急通信平台系统优势

5. 尚待解决问题

系留无人机空中基站应急通信平台系统尚待解决的问题如图 5-5-19 所示。

6. 应用场景

系留式无人机空中基站作为近场通信的一个新型补充手段服务于接入层，具有快速组建现场通信网，高效传递音视频信息等特点，便于现场指挥人员获取一手信息，为决策提供实时数据支撑。

图 5-5-19　系留无人机空中基站应急通信平台系统尚待解决的问题

（四）现场指挥部应急指挥通信系统

现场指挥部应急指挥通信系统拓扑图如图 5-5-20 所示。

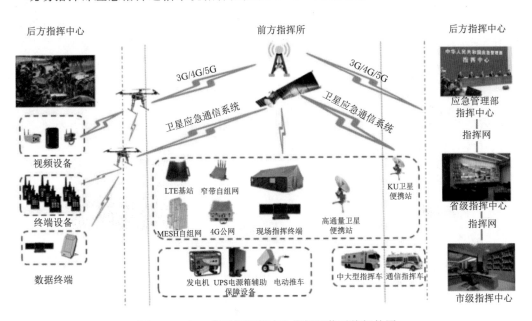

图 5-5-20　现场指挥部应急指挥通信系统拓扑图

山区自然灾害救援应急指挥系统主要包括卫星通信车、短波电台车、系留无人机、单兵终端等装备。

山区自然灾害突发区域通常远离后方指挥中心，应急机动保障分队通常需要配备卫星通信车与短波通信车进行超视距传输，以实现后方指挥中心对应急保障分队行进过程与处置过程的语音、视频指挥。在某些特殊灾情点如沟壑、丛林、洞穴等，需要通过单兵现场靠近拍摄获取视频资料，因此山区自然灾害救援单兵需要视频传输业务。山区自然灾害应急救援指挥系统，如图 5-5-21 所示。

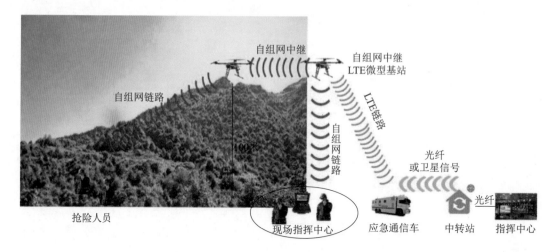

图 5-5-21 山区自然灾害应急救援指挥系统示意图

（五）利用系留无人机应急通信模块的组网方式

现场公网拥塞时，可利用系留无人机应急通信模块的无线覆盖能力，在其覆盖边缘公网条件稍好的环境下，通过公网多链路聚合设备进行数据回传，其回传组网示意图如图 5-5-22 所示。

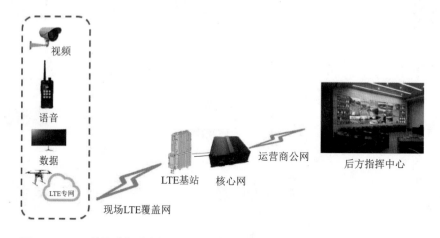

图 5-5-22 利用系留无人机通过公网多链路聚合设备进行数据回传组网示意图

当附近公网完全损毁，现场天气良好时，现场应急通信网络搭建完成后，可根据实际情况，利用卫星便携站或通信指挥车的车载卫星通信设备将现场音视频数据直接回传至指挥中心，其传输拓跋图如图 5-5-23 所示。

在现场气象条件差，卫星通信链路无法建立，同时现场公网损毁的情况下，可通过 Mesh 自组网设备进行数据接力传输，将现场音视频信号向外延伸到具备公网通信能力的地域，通过公网多链路聚合设备进行数据回传。其传输拓扑图如图 5-5-24 所示。

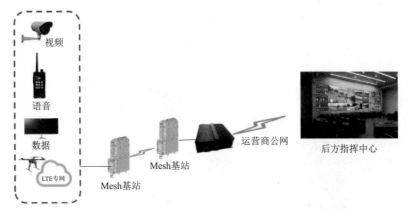

图 5-5-23　现场天气良好现场音视频数据直接回传至指挥中心拓跋图

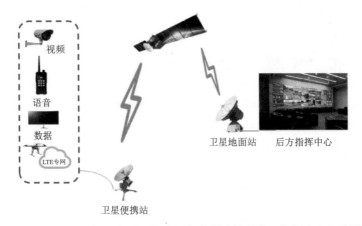

图 5-5-24　现场天气差现场音视频数据直接回传至指挥中心拓跋图

第六节　特定环境下的应急通信系统

应急处置现场环境复杂多样，比如在危化品事故、山火、电缆隧道事故、核应急等灾害事故场景下，可根据灾害的特性，借助专用设备，快速实现信息交互。山火、危化品事故、核应急环境下，多采用骨传导与防爆对讲相结合的方式进行通信。在电缆隧道中，则使用隧道无线覆盖通信与人员定位技术。

一、危化品等事故场景下的应急处置通信保障

（一）危化品事故的现场应急处置通信应考虑的因素

引发危险化学品事故的原因很多，危险化学品种类繁多，可引起爆炸、燃烧或中毒，因此危化品事故的现场应急处置通信需考虑到现场处置人员的人身安全，需根据引发危化品事故的具体特点，选用无线防爆手持终端及防爆型无线数字集群通信终端进行通信保障，以避免发生二次灾害。同时针对身着重型防化服、佩戴空气呼吸器的现场处置人员配

置骨（鼓膜）传导耳机等特殊通信配件，如图 5-6-1 所示，以确保人身安全以及稳定、清晰的通信效果。

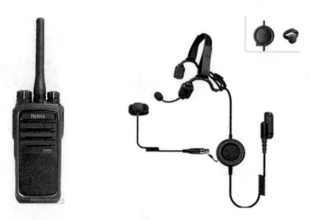

图 5-6-1　危化品事故现场配置的骨（鼓膜）传导耳机

（二）骨（鼓膜）传导耳机工作原理

声音通过头骨、颌骨也能传到听觉神经，引起听觉，声学理论把声音的这种传导方式叫做骨传导。骨传导有移动式和挤压式两种方式，两者协同可刺激螺旋器引起听觉，其具体传导途径为：声波→颅骨→骨迷路→内耳淋巴液→螺旋器→听神经→大脑皮层听觉中枢。震动或声音通过以下两种途径传入耳内：

（1）通过空气。

（2）通过骨骼和皮肤。

在声音到达时，位于内耳的听觉神经立即捕捉到这两种形式的振动。

例如，在用手堵住嘴巴或耳朵时，仍能听到自己的声音，在此试验中能听到自己的声音，就归功于骨传导。骨传导无线耳机就在这种环境下应运而生。但是，当堵住嘴巴或耳朵时，声音听起来与平常说话时不太一样，因为在这样的情形下，只能依靠骨传导来获取声音。当用磁带录下自己的声音并播放时，声音听起来很奇怪，也是因为录音机仅仅记录了通过空气传导的声音。

（三）骨传导听声音的优点

用骨传导听声音有很多优点，因为它不是通过空气的振动传导声音的。骨传导听声音最大的优点是两只耳朵完全不需要受束缚，戴着骨传导装置周围的声音仍然可以听到，并且可进行一般对话，这样也避免了因听不到外界的声音而引发的事故。而且在嘈杂的环境中可以用耳塞保护耳朵，能在非常严重的噪声环境中听取非常清晰的声音。特别是在特殊环境中，比如在水中，骨传导装置也可以传输声音，对听力障碍者也有效。

（四）骨（鼓膜）传导耳机使用方式

骨（鼓膜）传导耳机使用方式与常规对讲机使用方式相同。人的听觉系统分为搜集（外耳）、传导（鼓膜、听小骨）、神经接收（内耳耳蜗）三部分。骨传导耳机由于其佩戴和声音传导方式的特殊性，一般不会对搜集和传导部分造成损伤。不论哪一种音响设备，到神经接受这一步原理都是同样的，耳蜗上的听觉毛细胞在音量过大时会造成不可逆的永久性损伤，所以不论使用何种耳机，音量都不要开太大。

二、电缆隧道应急处置通信保障

(一) 电缆隧道救援应急通信保障单元

在电缆隧道内等网络信号难以覆盖的场景下，可借助隧道应急通信保障单元实现网络覆盖，同时使用隧道人员定位系统，实现隧道救援人员的安全管控。

电缆隧道救援应急通信保障单元包含地面站和地下站两部分。地面交换站接收地面网络信号，并通过有线方式将信号传至地下覆盖站，从而实现地下网络与地面网络的互通。电缆隧道救援应急通信保障单元解决了隧道内无线网络覆盖的问题，为地下通信业务提供了网络支持，为隧道抢险救援提供了网络保障。电缆隧道救援应急通信保障单元拓扑图如图 5-6-2 所示。

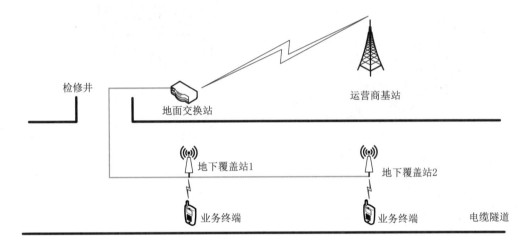

图 5-6-2 电缆隧道救援应急通信保障单元拓扑图

(二) 电缆隧道救援应急通信保障单元设备

系统设备分为地面交换站与地下覆盖站两部分。地面交换站接收运营商基站公网 3G/4G 无线信号以及卫星、光传输有线网络信号后，通过有线方式传输至地下覆盖站，从而实现电缆隧道内无线信号覆盖。

1. 地面交换站

地面交换站如图 5-6-3 所示。

地面交换站内置 SIM 卡槽安装应急专网 SIM 卡后，默认通过 3G/4G 接入电力应急专网，当连接 WAN 口（广域网接口）至有线网络时（包含卫星通信车或卫星便携站系统中的路由交换设备），可自动切断 3G/4G 网络，通过有线网络接入电力应急专网。

地面交换站 LAN 口（局域网接口）可用于连接地下覆盖站，也可连接笔记本电脑等终端设备。

2. 地下覆盖站

地下覆盖站如图 5-6-4 所示。

图 5 - 6 - 3　地面交换站

图 5 - 6 - 4　地下覆盖站

　　首台地下覆盖站通过网线直连地面交换站，通电开机即可释放配置好 SSID，多媒体无线终端可通过 SSID 及密码接入网络。

　　第二台地下覆盖站通过无线桥接以无线的形式与第一台地下覆盖站实现网络连接，并为多媒体无线终端提供网络接入服务。

　　第三台地下覆盖站可通过有线或无线的形式接入网络，为多媒体无线终端提供网络接入服务。

（三）连接

　　（1）将地面交换站置于地面相对空旷地带，便于接收运营商信号，按下图 5 - 6 - 5 所示的"开关"开启设备。

　　（2）注意电源指示灯的指示，最左侧指示灯红色表示设备正在运行，右侧 3 个指示灯全部亮绿色，表示电源为充满的状态，指示灯每减少一个亮灯，电量减少 33％。

　　（3）同样将地下覆盖站打开电源，电源及运行指示与地面站相同，打开电源后可将箱体闭合，不会影响信号的发射与接收。

　　（4）将地下覆盖站放置在隧道内相对合理的地方，开关开启后可用网线将地面站与地下站进行连接，网络接口不分顺序，连接方法如图 5 - 6 - 6 所示。

图 5 - 6 - 5　打开电源开关

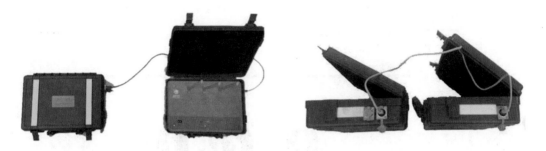

图 5-6-6 用网线连接地面站和地下站

（5）将地面交换站开启后使用接单兵图传终端与其进行连接，如图 5-6-7 所示。连接完成后通过多功能客户端软件平台与井下音视频进行音视频的实时交互，也可通过大尺寸显示器、全向麦克风等设备将音视频信号进行放大，实现更加清晰的交互效果。

（6）人员携带多媒体通信终端，并合理佩戴话筒、耳机、摄像头，佩戴完成后进入隧道，多媒体通信终端将自动与地下覆盖站进行网络连接，连接完成后地面操作人员可进行音视频的调用与交互，如图 5-6-8 所示。

图 5-6-7 单兵图传终端连接　　　　　图 5-6-8 连接完成

（四）电缆隧道内人员监测定位单元组成

电缆隧道内人员监测定位单元针对电缆隧道地面无线信号无法穿透、空间狭小、阴暗潮湿以及危险性高等复杂环境的特性，结合分析救援流程及施救方法，以 UWB（脉冲无线电）技术为依托，在此基础上融合呼救报警、防护、独立电源供电、信号交换等周边技术，实现对隧道救援人员的安全监控与视距定位，如图 5-6-9 所示。

系统设备分别从信号传输、收纳、防护、供电以及便携等方面着手进行设计，结合相关产品的设计经验，最终实现产品的在电缆隧道内的人员位置监控的功能，提高对井下救援作业人员的安全管理。

（1）电缆隧道内人员监测定位单元的主站部分如图 5-6-10 所示。

（2）电缆隧道内人员监测定位单元的腕带标签部分如图 5-6-11 所示。

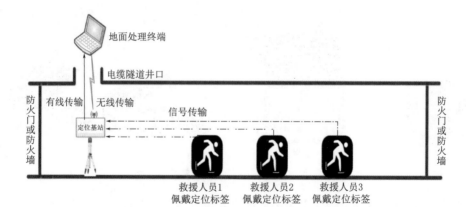

图 5-6-9　电缆隧道内人员监测定位单元

图 5-6-10　电缆隧道内人员监测
定位单元的主站部分

图 5-6-11　电缆隧道内人员监测
定位单元的腕带标签部分

（3）电缆隧道内人员监测定位单元的软件部分如图 5-6-12 所示。

图 5-6-12　电缆隧道内人员监测定位单元的软件部分

（4）电缆隧道内人员监测定位单元设备连接。将设备使用网线或连接无线的方式建立通信，以距离隧道下井口最近的一处井下位置布设基站，以此为基点，救援人员携带标签在隧道内执行救援任务。在此过程中，定位标签不断将位置信息回传至基站，与此同时，实时显示救援人员距离基点的位置，同时对数据做周边处理，实现对井下作业人员位置实时监控的目的，如图 5 - 6 - 13 所示。

（五）电缆隧道内人员监测定位单元设备开机

（1）设备连接完毕后，按下图 5 - 6 - 14 中右边箭头所指示的开关，设备开机，同时将腕带系好。

图 5 - 6 - 13 设备连接

图 5 - 6 - 14 设备开机，腕带系好

（2）将安装专用定位软件的电脑开机，同时运行专用软件。

（六）电缆隧道内人员监测定位单元软件使用

开启软件后，首先需要设定隧道的长度，虽然实时显示距离基站的位置，但设置合理的隧道长度可以更加直观地体现救援人员的实时位置，设置完成后点击确定，如图 5 - 6 - 15 所示。

图 5 - 6 - 15 隧道长度设定

在此项中可以新增使用人员，新增时只需要点击右上方"新增标签"，输入新增人员的用户名、对应标签的 ID 号即可，新增后需要重新运行程序，如图 5-6-16 所示。

图 5-6-16　新增标签

在此项中可以查询以往监测的数据，不仅可以作为救援过程中人员运行轨迹的凭证，同时也可作为今后设备升级数据的重要保存来源，如图 5-6-17 所示。

图 5-6-17　查询以往数据

（七）应急救援实训场隧道救援

1. 电力应急管理中心实训场

电力隧道实训场如图 5-6-18 所示。

图 5-6-18　电力电缆隧道实训场

2. 电缆隧道通信覆盖及人员监测定位

实训场电缆隧道通信覆盖及人员监测定位示意图如图 5-6-19 所示。

图 5-6-19　实训场电缆隧道通信覆盖及人员监测定位示意图

三、复杂环境下消防应急通信指挥解决方案

（一）复杂环境下的音视频传输是消防通信的难题

复杂环境下的音视频传输是消防通信的主要难题之一，实测结果表明，现有无线通信

装备在高层、地下、隧道、大型综合体等复杂环境下应用时存在信号覆盖范围小、信号损耗衰落大、抗多径效应能力差、带宽受限等缺点，无法完全解决信息稳定传输的问题。复杂环境下开展消防通信，迫切需要灵活快速地组建独立专网，为内场人员与现场指挥部之间打造稳定的宽带通信链路，实现现场音视频及数据信息的实时传输。

2013 年，由公安部、住建部联合发布的国家标准《消防通信指挥系统设计规范》（GB 50313—2013）明确规定：消防无线通信网络应设置独立的消防专用无线通信网，保障城市消防辖区覆盖通信、现场指挥通信、灭火救援战斗通信。

（二）Mesh 自组网技术是目前解决复杂环境消防现场通信的有效手段

现场消防组网设备在工作时，应具有快速机动、组网灵活等特性。Mesh 自组网技术是目前解决复杂环境消防现场通信的有效手段，可通过无中心节点方式组建专网，具有自组网、自管理、自动修复和自我平衡、支持多点跳接等特点。在复杂环境现场应用时，可由多个节点通过接力方式搭建出由灾害区域至前方指挥部的稳定通信链路，使用灵活方便。多载波通信技术由于其优越的抗多径干扰性能被广泛应用于消防现场非视距环境下的信号覆盖。中云沃达自主研发出 Mesh 自组网通信和多载波通信系列装备，经过某消防大队实测检验，说明该装备具有快速建网、双向传输、覆盖广、穿透强等特点，解决了公网瘫痪状况下快速组建专网实现数据传输的问题。

（三）Mesh 自组网技术方案特点

无线 Mesh 设备可用于复杂环境下消防通信现场组网，比如在高层建筑内部或地下室等传统无线通信难以覆盖的区域，可通过消防员、无人机、机器人等方式搭建无中心多跳自组网网络，利用中继转发的方式灵活完成火灾现场环境信息收集、无线链路中继和高清视频回传等多种任务。可有效搭建灾害现场与前方指挥部之间的稳定的用于数据、语音及实时视频信息传输的通信链路，为掌控灾害情况提供可视化技术手段，为现场指挥决策提供重要依据。

多载波融合中继产品既可接收终端单兵传回的前端音视频，也可通过 Mesh 自组网向后级传输，主要运用于横向信号覆盖。多载波融合中继产品主要用于点对点通信，也可作为无中心多跳自组网。多载波融合中继产品集 COFDM 技术和 MESH 组网技术为一体，基于 Mesh 组网技术，能完成无中心多跳自组网，可灵活适用于各种复杂环境下的快速组网传输，自动选择路径，组网方式灵活，省时省力，应用范围非常广泛。可以和现有 IP 有线网无缝对接，灵活扩展 IP 有线网。可扩大传输范围，具有远距离、抗遮挡、抗干扰、可靠性高等显著特点。链路可自愈，系统健壮性和稳定性强，某个端点的失效或某条路径的干扰不会影响整个系统的通信。

Mesh 自组网技术方案有以下优势：

（1）无线自组网实现战术无线通信。

（2）在火灾现场快速建立双向无线通信。

（3）即开即用，加电后 1s 内网络开通。

（4）无中心，自组网，自动接力。

（5）节点体积小，单兵携带。

（6）功耗低，电池供电，8～24h 续航。

（7）非视距性能优秀。

（8）支持远距离传输且传输过程损耗少，保证网速的完整性传输。

（9）可适应复杂地形环境。

（10）优秀的非视距传输能力，可充分利用绕射和反射的多径传输，自动接力传输。

四、广域范围下满足电力应急处置的通信保障应用模式

（一）固定部署与移动部署的集群系统的局限性

我国地域辽阔，地理环境复杂，地震、洪涝、台风、山火、海啸、泥石流等自然灾害对电力设施的破坏直接影响人民的正常生产与生活，灾害发生后往往公网瘫痪、信号无覆盖。此类广域范围下的电力应急处置信息沟通主要依靠集群中继方式实现通信技术保障。虽然集群系统功能强大，具备单呼、组呼、广播、IP漫游等功能，可满足应急处置点多、面广、层级多的即时通信保障需求，但由于电力应急处置时间、地点的不确定性，固定部署与移动部署的集群系统都有不便之处，存在的问题如下：

（1）固定部署。集群固定站主要建立在公共网络与行业专网的基础之上，实现远距离通信；电力设施多且分布广，如果全覆盖需要基站体量较大；天线部署需要高点，基站设备需要长期稳定供电及密闭的运行环境。

（2）移动部署。移动基站在极端无公网环境下主要用于现场覆盖或综合利用应急通信车、便携站等卫星通道实现远距离通信；移动部署集群基站价格较高，广域环境下组网部署需要费用较高；移动部署机站普遍体积过大，山区及不方便机动运行的场景下，无法实现快速部署。

鉴于上述原因，对广域范围下的多场景的电力应急通信保障需要进一步探索与研究。集群通信系统是电力应急处置过程中非常重要的通信保障手段，灾情发生后，集群部署的速度会直接影响灾情处置的进度，因此需要设计和制做一种便携式基站，既充分考虑机动便携性、安全防护性与简易操作性，又选用轻型材料，采用模块化设计，使体积与重量进一步缩小，以便达到两人搬运的目的。

（二）基于 XPT 无线数字集群的便携式基站

1. 便携式基站的优越性

基于 XPT 无线数字集群进行便携化设计、改造、集成，实现小型化、便携化，机动化运输与收纳。通过机箱内部结构的精密设计，达到防水、防尘、防震、防虫等被动防护达到 IP65 的标准，同时外部加装防护罩等措施加强外部防护；通过加装微型工控电脑及软件，达到安全监控与简易调试的目的。从而构建一套广域范围下满足电力应急处置的通信保障应用模式。通过改装降低应急保障设备成本投入，简化设备操作程序，优化设备机动性能，提高应急响应速度与技术保障效率。为电力应急通信保障工作提供技术支撑。

2. 箱体

箱体及其骨架选用钢铝结合材质定制，内设导水槽、防护海绵、减震环等防护措施，如图 5-6-20 所示；系统采用结构化、模块化的设计；配件辅材选用体积小、重量轻的

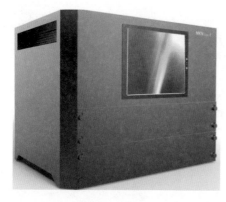

图 5-6-20 便携式无线数字集群基站箱体

航空插接件；设备外观尺寸为 495mm×540mm×490mm（$L×W×H$），重量不大于 50kg。达到单人背负或两人搬运的目的。

3. 信道机

借鉴刀片服务器的设计理念，信道机为插卡式部署，如图 5-6-21 所示。设备全部使用 PCB 电路板，不加入任何包装，进行一次封装，大大减轻整体设备重量。虽然 PCB 电路板直接进行一次封装难度较大，但采用板卡插拔式固定方法，将板卡进行上下固定，前后两端使用卡口进行封装固定，可以极大提高设备的运输或使用的安全性。

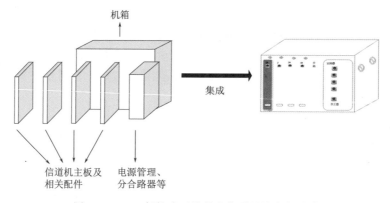

图 5-6-21 便携式无线数字集群基站内部设计

4. 安全防护措施

（1）防震措施。减震器选用航空用钢丝绳减震器，如图 5-6-22 所示。采用对称布置，均匀平衡，不受运输路况或使用环境限制。

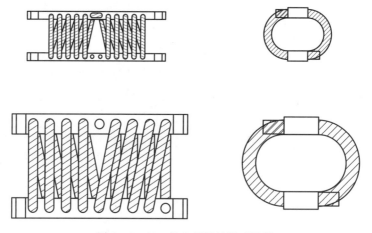

图 5-6-22 航空用钢丝绳减震器

（2）内部防水措施。机箱内部进/出风口安装透气海棉，防止雨水直接进入，拼接口与进/出风口采用斜面流线设计，让停留在板材上的水能够根据自身的重量实现迅速的滑落。四周定制防水槽导流槽，防止雨水流入机箱。

（3）外部主动防水措施。定制不锈钢管件支撑架，周身覆盖防水帆布，底部采用魔术贴或魔术扣作为与设备连接点，做到既防水又轻便。箱体底部设计一处隐藏收藏盒，非雨雪天使用时可对其进行拆卸。置于底部，雨天使用时可快速搭建支撑，有效防止雨雪，提高设备对雨防护能力，如图 5-6-23 所示。

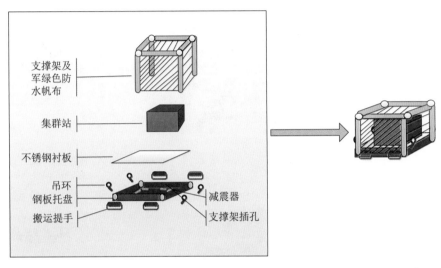

图 5-6-23　箱体主动防水罩示意图

（4）防虫措施。为了防止小动物通过散热孔进入箱体内，进出/风口内壁安装透气海绵，即能有效防止蚊虫进入，又不影响散热。

（5）防腐措施。箱体采用钢铝结合表面镀锌的方式。壳体周身采用行业主流的电镀防锈技术，增强壳体的寿命，同时在电镀的基础上喷塑麻面防锈漆，不仅对壳体进行二次保护，又美观大方，不易附着尘土，尘土附着后也容易清洗。

（三）便携式集群通信系统在电力应急处置中的应用

2019 年 8 月 12 日晚间，台风"利奇马"影响山东。受持续降雨、大风影响，潍坊市青州市庙子镇电力铁塔及线路受损严重，造成大面积停电，公网信号中断。国网山东电力省电力公司启动应急处置，全力应对台风"利奇马"。8 月 13 日，应急管理中心派出基干队员 8 名赶赴青州西南山区完成应急通信保障，在泰和山海拔 500m 处部署三台便携式集群基站与自组网设备，集群系统通过自组网设备建立专网，以 IP 漫游的方式实现多套集群基站远距离组网通信，如图 5-6-24 所示，为庙子镇应急处置现场提供应急通信保障。同时集群主站配备应急通信车，通过卫星通道实现与"后方"指挥中心集群站组网通信，完成了应急抢修人员通信保障任务和协同指挥任务。便携式集群通信系统为本次应急处置提供了有效支撑，表现出了反应速度快、机动性好、稳定可靠等特点。

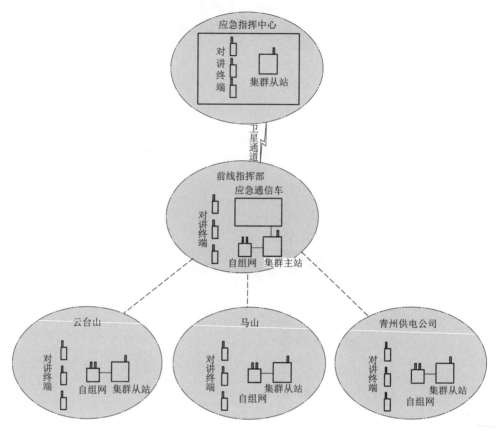

图 5-6-24 便携式集群通信系统在"利奇马"台风中的应用

复习思考题

1. 国网山东电力应急通信系统的组成和功能是怎样的？
2. 公网环境下的应急通信有什么特点？
3. 具备公网网络环境下的应急处置现场应怎样开展工作？
4. 应急指挥智能调度系统的组成和功能是什么？
5. 应急指挥智能调度系统使用流程是怎样的？
6. 应急指挥智能调度平台及终端操作的功能是什么？
7. 应急指挥智能调度平台的组成和功能是怎样的？
8. 应急指挥智能调度平台的组呼功能是怎样的？
9. 应急指挥智能调度平台的呼叫功能是怎样的？
10. 应急指挥智能调度平台的外线电话功能是怎样的？
11. 应急指挥智能调度平台的信息推送功能是怎样的？
12. 应急指挥智能调度平台的视屏调用是怎样的？
13. 应急指挥智能调度平台的视频呼叫功能是怎样的？
14. 应急指挥智能调度平台的视频转发功能是怎样的？

15. 应急指挥智能调度平台的信息查询功能是怎样的？

16. 多媒体 4G 终端特点和功能是怎样的？

17. 多媒体手持终端的特点和功能是怎样的？

18. 单兵图传系统特点和功能是怎样的？

19. 远程交互呈现系统的功能是什么？

20. 远程交互呈现系统的常见故障及其处理方法有哪些？

21. 特定环境下的应急通信方式有哪些？

22. 危化品等事故场景下的应急处置通信保障措施是什么？

23. 为什么危化品事故现场要为救援人员配置骨（鼓膜）传导耳机通信？

24. 电缆隧道无公网下的应急处置通信保障措施有哪些？

25. 电缆隧道救援应急通信保障单元的组成和功能是怎样的？

26. 电缆隧道内人员监测定位单元操作要求是什么？

27. 电缆隧道无公网下的应急处置通信软件使用要求是什么？

28. 应急救援实训场隧道救援的特点是什么？

29. 为什么说复杂环境下的音视频传输是消防通信的难题？

30. 为什么说 Mesh 自组网技术是目前解决复杂环境消防现场通信的有效手段？

31. Mesh 自组网技术方案有哪些特点？

第六章

电力应急通信系统典型故障和设备维护保养

第一节　应急视频会议系统典型故障

应急视频会议系统在日常运维保障中经常碰到的故障主要有网络丢包造成的图像卡顿、马赛克，声音啸叫、回声等，按照系统的组成，应急视频会议系统常见的故障可分为音频类故障、视频类故障、网络及通道类故障、中控及其他类故障。

一、音频类故障

音频类故障的故障现象及解决方法见表 6-1-1。

表 6-1-1　　　　　　　音频类故障的故障现象及解决方法

故障案例	故障现象	解决方法
故障案例 1	手拉手会议话筒开启一支时，相邻一支话筒也会自动开启	（1）对全部话筒进行测试，声音输出正常。 （2）将话筒主机恢复默认后在主机设置中打开"SET ID"开关。 （3）全部话筒按照顺序依次打开后于主机设置中关闭"SET ID"开关。 （4）将话筒按照与打开时相反的顺序依次关闭。 （5）重新打开话筒测试正常
故障案例 2	视频会议时使用无线话筒发言，对方无法收听到本方上传声音	（1）测试有线话筒声音上传正常。 （2）测试无线话筒本地拾音情况，测试结果为会场音箱与监听音箱声音输出正常；通过网络进入音频处理器查看路由配置，无线话筒路由未给到市县终端音频输入。 （3）将无线话筒通过路由指定给市县终端，测试上传声音正常
故障案例 3	手拉手话筒部分话筒声音大小不一	（1）检查话筒主机，只有一条主输出音频线到音频处理器。 （2）排查话筒连接盒，检查不同声音大小连接盒拨码开关位置，发现声音不同的话筒连接盒拨码开关位置不同。 （3）统一拨码位置后声音大小一样故障解决
故障案例 4	话筒无声或有声音但是声音极小	（1）检查咪线为平衡连接，两端音频头无脱焊虚接现象。 （2）登录音频处理器，检查发现对应音频通道的幻象电源没有打开。 （3）点击开启幻象后，电容话筒拾音正常
故障案例 5	有源音箱存在明显交流声	（1）使用临时音箱测试发现音源纯净无杂音。 （2）检查发现音频线缆没有存在信号干扰、电源谐波或其他设备串扰。 （3）经检查发现音频处理器和有源音箱使用的电源不同源。 （4）在机房引出电源为有源音箱供电，交流声消失

续表

故障案例	故 障 现 象	解 决 方 法
故障案例6	视频会议联调时，本地（县公司）话筒出现回声，不入会情况下正常	（1）检查音频处理器路由配置，配置正常。 （2）中控音频控制面板关闭终端音频上传后本地无回声。 （3）打开县公司终端音频上传，关闭市公司终端音频输出（或关闭市公司话筒），本地依然有回声。 （4）检查市县终端配置，发现终端为同品牌同系列，但系统固件版本不同。 （5）同产品售后落实情况，更换适宜的统一系统固件版本后解决
故障案例7	新会议终端组会，对方能够听到回音	（1）测试不同话筒是否均有回音，均有回音。 （2）检查本地音频路由是否有回路，发现没有音频回路。 （3）检查会议终端音频设置，发现没有勾选回音消除，勾选设置后回音消除

二、视频类故障

视频类故障的故障现象及解决方法见表6－1－2。

表6－1－2　　　　　　　视频类故障的故障现象及解决方法

故障案例	故 障 现 象	解 决 方 法
故障案例1	主摄像头送至终端信号闪屏	（1）摄像头信号投射到大屏及监视器上显示正常。 （2）测试更换摄像机输出分辨率及刷新率，仍旧闪屏。 （3）摄像头信号直连终端主流输入端口，闪屏消除。 （4）更换终端主流输入矩阵SDI输出端口，SDI板卡只配置一张（一板四口），故障仍存在，故障判断为板卡故障。 （5）更换板卡后故障消除
故障案例2	有线电视机顶盒连接矩阵图像显示不正常（缺色）	（1）单独连接显示器测试机顶盒视频正常。 （2）采用其他视频输出设备连接机顶盒连接的矩阵端口输出图像正常。 （3）向厂家沟通询问视频输出设备EDID，对矩阵输入口进行EDID更新后图像正常
故障案例3	YPbPr视频信号输出图像偏色（缺红）	（1）将偏色故障视频线缆接入其他显示器仍旧缺色。 （2）在矩阵侧将故障视频线缆与相邻端口进行调换，相邻端口显示图像缺色。 （3）判断为视频线路故障后，分别检查矩阵侧和显示侧线缆BNC接头。 （4）最终发现显示侧RGB线缆中R（红）线与BNC接头脱焊，重新焊接后故障排除
故障案例4	市县视频会议终端辅流输出图像偏色	（1）更换辅流信号矩阵接入端口。 （2）重新拔插会议终端辅流输出接口线缆。 （3）更换线路中存在的DVI转VGA接头，故障解决

续表

故障案例	故障现象	解决方法
故障案例 5	会议终端无法显示本地摄像机图像	(1) 检查摄像机是否正常开机，开机正常。 (2) 摄像机画面投递到监视器图像正常。 (3) 检查设备之间线缆连接，排除线缆故障。 (4) 登录终端 Web 界面，依据线缆连接终端接口选择更改输入源端口，终端显示本地图像
故障案例 6	视频终端发送演示，本地终端主流和辅流画面均显示演示画面	(1) 与远端会场互发演示测试，确认本地终端在发生演示时主流/辅流画面布局不正常。 (2) WEB 界面登录终端，依次点击设备控制－输入/输出标签，找到"双屏启用"选项，目前处于未勾选状态。 (3) 勾选"双屏启用"后点击"保存"，发送演示时主流/辅流画面正常
故障案例 7	高清摄像机图像存在间隔几分钟的黑屏现象	(1) 更换摄像机矩阵接入端口。 (2) 更改摄像机输出分辨率及刷新率。 (3) 排查摄像头线路，判断所用 SDI 铜轴线缆不达标准，更换摄像头 SDI 线缆，故障解决
故障案例 8	摄像头输出到大屏图像不停刷新	(1) 测试其他图像到大屏正常。 (2) 测试摄像机到其他显示设备，图像不停刷新。 (3) 判断故障原因为摄像头输出图像与会议室灯光刷新率不一致，调整摄像头输出分辨率刷新率故障消除
故障案例 9	电脑画面输出到升降屏时有一半升降屏出现图像偏色	(1) 投射其他信号进行测试，问题仍存在。 (2) 排查矩阵至升降屏通道为两条 VGA 通道，分别接两台 1 分 12 的 VGA 分配器。 (3) 在会议桌端调换两台分配器至矩阵线路，调换后故障仍存在，判断为 1 台分配器故障。 (4) 更换分配器后，故障解决
故障案例 10	DLP 大屏控制电脑无法开启大屏	(1) 检查 DLP 大屏电源开关，开关打开供电正常。 (2) 检查控制电脑网络连接与大屏网络连接，交换机故障，更换交换机后故障消除
故障案例 11	升降机升起后无法降落，按下降键出现报警声	(1) 打开升降机，查看主板上线路连接正常。 (2) 查看底部限位其中的一条线路断开，焊接后恢复正常
故障案例 12	DLP 大屏投放 VGA 电脑信号时，图像抖动有明显波纹	(1) 检查电脑到矩阵线缆，确认 VGA 线缆及两端接头完好无松动。 (2) 通过查看发现 DLP 大屏处理器支持的图像刷新率最高为 50Hz。 (3) 登录视频矩阵管理软件，将输出至 DLP 大屏处理器的视频信号格式统一设置为 1080P/50Hz，故障消失

续表

故障案例	故障现象	解决方法
故障案例 13	摄像机用遥控器调整参数，但每次开机自动恢复到调整前状态	（1）使用遥控器或遥控键盘逐项调整摄像头参数，确认摄像机功能正常。 （2）按住遥控器上的一号预置位键，同时按住 PRESET 键，保存预置位。 （3）重复开机测试摄像机参数调整状态未丢失。 （4）会议摄像机开机默认调用一号预置位，其他预置位参数设置后应当保存至对应的预置位
故障案例 14	监视器 SDI 接口图像闪烁	（1）检查是否所有视频源均图像闪烁。 （2）检查监视器本身显示正常。 （3）检查监视器连接的 BNC 头，发现一端有脱焊现象，重新焊接后正常

三、网络及通道类故障

网络及通道类故障的故障现象及解决方法见表 6-1-3。

表 6-1-3　　　　　　网络及通道类故障的故障现象及解决方法

故障案例	故障现象	解决方法
故障案例 1	IP 地址冲突造成会场掉线	（1）通过 PING 命令测试通道情况，出现丢包严重现象，重启设备后，开始通道正常，很快又出现丢包。 （2）排查网络 IP 地址分配，确认分会场会议终端 IP 地址与主会场 MCU 管理 IP 地址冲突，重新分配 IP 地址后，故障排除
故障案例 2	因网络端口属性问题造成图像卡顿、马赛克现象	（1）查看会议终端网口和交换机端口网络属性是否一致。 （2）将两端端口设置为相同的属性，均为强制百兆全双工或是均为自适应，故障排除
故障案例 3	会议室升降屏内网系统无法认证登录	（1）查看信通内网认证配置对应急机房内的下行交换机认证配置比较，无问题。 （2）对会议桌下下行交换机内网认证配置查证，发现认证配置中 802.1X 无法与汇聚端进行验证。 （3）重新对 802.1X 认证配置进行更改，会议桌升降电脑可正常进行内网认证
故障案例 4	控制间电脑连接信息内网失败	（1）逐台测试应急指挥中心其他内网电脑，发现均无法连接信息内网。 （2）登录应急指挥中心信息内网交换机查看发现，VLAN、Trunk 配置信息正常，使用 PING 命令测试发现与上层交换机网络不通，确认为交换机 26 口（光口）光模块故障。 （3）更换备品备件交换机光模块，重新进行内网设备注册后，信息内网正常访问
故障案例 5	布控球 4G 网络不定时掉线	（1）检查布控球路由配置中断线检测，断线检测已关闭。 （2）修改路由器配置，添加 VPN 域名，故障消除

四、中控及其他类故障

中控及其他类故障的故障现象及解决方法见表 6 - 1 - 4。

表 6 - 1 - 4　　　　中控及其他类故障的故障现象及解决方法

故障案例	故 障 现 象	解 决 方 法
故障案例 1	中控触控平板操作设备无任何响应	(1) 查看中控平板网络连接状态，网络正常。 (2) 查看中控主机状态灯显示正常。 (3) 断电重启中控路由器。 (4) 断电重启中控主机，系统恢复正常，中控触摸平板可以正常使用
故障案例 2	中控其他功能正常，无法进行矩阵（拼控矩阵二合一产品）图像切换	(1) 测试中控能够控制大屏图像切换。 (2) 通过电脑端拼控控制软件，将输入信号源先拖到输出窗口内，再用中控控制消除故障
故障案例 3	使用中控上传软件上传触屏界面程序时，搜索不到触屏终端	(1) 检查确认触屏与程序上传电脑是否处于同一网络。 (2) 检查过程中发现客户在搜索触屏设备时，触屏上的 AMX 软件未处于开启状态。 (3) 点击触屏中控软件后，在中控上传软件中启动搜索，发现触屏终端，故障消除
故障案例 4	录播系统录制视频信号存在卡顿故障	(1) 测试录播主机至矩阵连接线缆，线缆正常。 (2) 更换录播主机矩阵接入端口进入录播网页设置界面，更改存储视频的分辨率及帧率设置，长时间运行测试，设备运行正常
故障案例 5	精密空调不制冷	(1) 检查空调运行状态，查看告警信息。 (2) 检查空调内机器件是否有损坏等。 (3) 室内机充氟，清洗过滤网，室外机清洗，空调恢复制冷
故障案例 6	UPS 主机声音报警且工作在旁路状态	(1) 在确认机柜设备安全关机后，切断 UPS 输出电源。 (2) 重启 UPS 主机后自动跳转到旁路工作状态，继续声音报警。 (3) 此时切断市电电源，停止为 UPS 主机供电后，UPS 未能转换为蓄电池供电。 (4) 经测试最终确认为 UPS 主机逆变器故障，协助厂家现场更换配件，问题解决

第二节　机动应急通信系统常见故障

一、卫星网管系统常见故障

（一）卫星带宽分配释放故障

1. 故障现象

中心站给应急通信车分配或拆除带宽时，出现分配不成功或拆除异常现象。

2．解决方法

（1）正常情况下，卫星带宽的分配与释放操作需要中心站与通信车之间建立通信后才能进行，若是信令通道出现问题，会出现分配、拆除带宽故障现象。

（2）通过 ping 命令检测卫星信令通道是否稳定，或通过频谱仪检测卫星频率是否有干扰或占用情况。

（3）重新启动通信车天线寻星，待建立网管信令通信后，查看拆除是否成功。

（4）从卫星管理软件中点击卫星 HUB 查看本地卫星业务 Modem 工作状态，通过远程重启该业务 Modem 进行处理（右键执行 Hard Reset 命令）。

（5）排查中心站网管服务器是否因为其他原因导致服务中止，从服务器打开 server manager 找到 vipersat management system 选项，关闭此服务，再重新启动此服务，连接卫星管理软件，检测状态是否正常。

（二）卫星通信车无法正常上线故障

1．故障现象

卫星通信车启动天线对星后，中心站迟迟检测不到通信车上线。

2．解决方法

无法正常上线故障也是系统应用过程中最常见的故障之一，引起故障的因素很多，排查时可采取由外入内、先易后难的方法，若网内其他通信车正常，仅个别车辆出现此故障，则需要重点对通信车侧进行排查，反之则需要中心站网管配合检测。该类故障的处理通常需要移动通信车位置、断电重新启动、调整参数配置等操作来完成。故障排查的重点如下：

（1）天线寻星出现故障。查看现场卫星天线对星方向是否有遮挡物，现场气候条件是否对寻星有影响，检查 Modem 线缆连接是否牢固等。

（2）天线寻星完成，但 Modem 接收不到中心站信令信号。检查现场接收线缆是否牢固；中心站检查信令是否发出；通过操作车载 Modem 设备前面板或用笔记本 telnet 登录 Modem，查看信噪比 EB/N0 值是否在正常范围内，并检查 IP 地址、接收/发送频点等参数配置是否正确。

（3）天线寻星完成，接收主站信令正常，但主站检测不到上线。排查现场发射线缆是否牢固；检查功放是否加电并正常工作（外置供电的功放要检查手动开关是否开启）；检查 Modem 的 10M 参考是否打开；检测 Modem 参数配置与中心站是否一致。

二、卫星天线常见故障

天线系统是卫星通信系统重要的组成部分，其故障相对较少，但影响巨大。本书仅以 C-COM iNet 天线为例进行说明，其他天线原理相同。

（一）卫星天线不能正常升起

1．故障现象

卫星通信车寻星时，按住天线控制器"FIND SAT"（自动寻星）按钮后天线没有任何反应。

2．解决方法

卫星天线正常升起前需要获取内置 GPS 预置的物理地址信息，该类故障一般除检查连接线缆外，需要查看 GPS 启动状态和天线控制器配置。

（1）检查 GPS。在天线控制器前面板上液晶屏中找到 Monitor 项，按 Enter 进入，按方向键将光标放到 GPS 上，按 Enter 进入，查看是否有 GPS 数值。或者在 Monitor－>main 中查看 GPS 显示状态是否为 VV 或 FV。若无 GPS 数值或显示状态为 FV，则说明 GPS 未初始化完毕，需等待三四分钟后再重新按住"FIND SAT"启动天线。

（2）检查天线控制器告警信息。在计算机上打开 IE 输入天线控制器的 IP 地址，进入 Control 项，查看是否有报错信息，如图 6-2-1 所示。

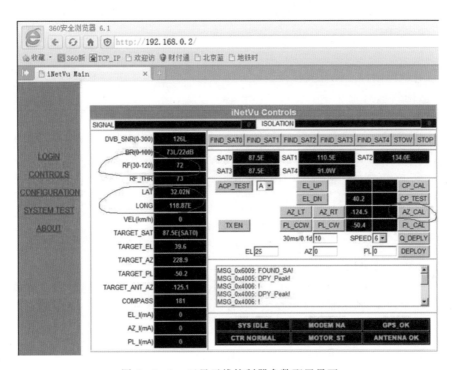

图 6-2-1 卫星天线控制器参数配置界面

若 RF（30-120）显示红色，则故障原因为高频头未供电。需要检查线缆的芯和外皮是否有 18V 电压。有电压说明高频头故障，更换高频头。没有电压，检查线缆或者天线控制器和 modem 里供电是否打开。

若 LAT 和 LONG 显示红色，则故障原因为 GPS 未读取。需要检查 GPS 连线，并查看 GPS 天线是否有遮挡；查看 GPS 设置是否正确；重启天线控制器。

（二）卫星天线不能正常回收

1. 故障现象

卫星天线能正常升起，但操作 STOP/STOW 按钮天线不动作，无法自动回收天线。

2. 解决方法

天线能正常升起，说明电子罗盘运行正常，无法回收故障原因一般为卫星天线限位开关出现问题，可以手动方式回收天线，并对限位开关进行校正。

（1）手动回收天线方法。操作天线控制器面板左侧 MANUAL 手动控制区回收天线。

具体方法为按下 SELECT 按钮，可在 EL（俯仰，天线上下移动）、AZ（方位，天线左右移动）和 PL（极化，天线左右旋转）之间切换，通过按动"＋""－"按钮，可调整天线至回收位置。

（2）限位开关校正方法。打开 IE 输入天线控制器的 IP 地址，进入 Control 项，点击图 6-2-1 右侧 AZ＿CAL 校正开关按钮，此时天线控制器动作。复位完成后，点击控制器 STOP/STOW 按钮，天线正确回收。

三、业务应用系统通信中断故障

（一）故障原因

应急通信车业务应用系统较多，故障现象各不相同，但故障原因无非上传通道故障和业务系统自身故障两种，因此故障排查时，可从这两方面入手进行分析与处理。

（二）故障现象

应急通信车工作状态下，无线单兵、视频会议、数字集群、电话交换等业务应用系统出现业务中断现象。

（三）解决方法

上传卫星通道的检测方法可通过 ping 命令检测中心站至通信车 IP 数据包，也可采用频谱仪时时检测卫星通道载波频率状态。一旦接入业务系统出现故障，首先快速发现和排查是否为通道故障。

业务系统自身故障原因应视具体情况而定，排查时重点检测指示灯状态和参数配置，并配合备品备件进行更换、测试、验证。

（1）无线单兵系统故障排查。首先排查单兵设备间连接线缆是否紧固，然后重点检查单兵发射端与车载接收端频点设置是否一致。如单兵无法上传图像，设备线缆都没有故障，解决方法是可以检查修改摄像机 HDMI 输出分辨率，修改为不大于 1080i，画面输出正常。

（2）硬视频或软视频系统故障排查。重点检查线缆连接，参看 IP 地址设置和网络指示灯状态，软视频需要检查加密狗连接是否正确。

（3）软交换、无线数字集群等系统也是通过检查设备电源指示灯、故障指示灯和参数设置情况进行排查，方法基本相同，不再一一赘述。

四、应急通信车常见故障

（一）故障案例 1

1. 故障现象

通信车转动正常，但无法正常寻星。

2. 解决方法

（1）查看 Modem 设备 EB/N0 信令值，若数值过低，查看现场卫星天线对星方向是否有遮挡物，现场气候条件是否对寻星有影响，通过更换位置重新寻星。

（2）检查 Modem 与天线相连的端接口处是否有松动，防尘防水胶带是否有脱落，通过重新绑扎、紧固进行恢复。

（二）故障案例 2

1. 故障现象

天线寻星完成，但 Modem 接收不到中心站信令信号。

2. 解决方法

（1）检查现场接收线缆是否牢固，中心站检查信令是否发出；

（2）通过操作车载 Modem 设备前面板或用笔记本 telnet 登录 Modem，查看信噪比 EB/N0 值是否在正常范围内，并检查 IP 地址、接收/发送频点等参数配置是否正确。

（三）故障案例 3

1. 故障现象

天线寻星完成，接收主站信令正常，但主站检测不到上线。

2. 解决方法

（1）排查现场发射线缆是否牢固。

（2）检查功放是否加电并正常工作（外置供电的功放要检查手动开关是否开启）。

（3）检查 Modem 的 10M 参考是否打开。

（4）检测 Modem 参数配置与中心站是否一致。

（四）故障案例 4——应急通信车供电系统故障

通常情况下，应急通信车的供电方式主要包括外部市电供电和取力发电机供电两种，同时配备蓄电池组，一般优先级设定为外部市电＞取力发电机＞蓄电池组，正常工作状态下，外部市电或取力发电机为车载设备供电，同时为蓄电池组充电。各种供电方式由 ECU（Electronic Control Uint）主机通过电路控制进行判别切换，ECU 主机初始启动电源由蓄电池组提供。供电系统典型的故障为设备无法加电。

1. 故障现象

在外部市电和取力发电机正常工作的情况下，通信车各业务系统设备无法加电。

2. 解决方法

（1）首先查看供电系统连接线缆是否松动，并利用万用表检测各输入电源的电压是否正常，以排除是否为输入端原因。

（2）检测 ECU 主机工作状态是否正常，首先用万用表检测蓄电池电压是否正常，能否为 ECU 主机提供正常启动电压。若蓄电池组严重亏电，无法启动 ECU 主机正常完成电源切换，自然无法为车载设备供电。

（3）应急状态下紧急的处理方法是采用外部电源为蓄电池充电（若通信车配置 12V 蓄电池，则可与汽车 12V 电瓶相连充电），满足启动 ECU 主机即可。更完善的解决方法是在 ECU 主机内加装无电启动模块，该模块能利用外部市电或取力发电机电源为 ECU 主机提供启动电源，满足车载设备供电的需要。

（五）车辆支撑腿故障

对于静中通无线通信车，保持通信过程中的车辆平稳至关重要，车辆的摇晃、颤动往往会引起卫星通信的瞬断，严重时会引起通信中断。因此，日常维护、使用时需要注意防泥沙、防浸水。车辆支撑腿故障往往是由机械传动装置受损引起，需及时维修或更换即可。

第三节　其他应急通信系统常见故障

一、应急指挥平台常见故障

(一) 故障现象

市公司二级平台无法与县公司三级平台建立通信。

(二) 解决方法

(1) 测试上行通道与省公司可以进行通信，排除网关问题。

(2) 检查网关，去往县公司网口与网线应无问题。

(3) 与信通联系检查去往县公司 PTN 发现网线松动，重新固定后进行网络测试正常。

二、对讲机系统常见故障

(一) 故障案例 1

1. 故障现象

对讲机无法正常开机。

2. 解决方法

(1) 若电池电量充足仍无法开机，检查电池安装是否正确，电池触点是否污浊或受损。

(2) 清洁接触点污浊后，重新安装电池即可。

(二) 故障案例 2

1. 故障现象

接收信号时声音小、断续或无声。

2. 解决方法

(1) 电池电压过低，解决方法是对低电压对讲机充电或更换充足电量电池。

(2) 天线松动或安装不到位，解决方法是关闭对讲机后重新安装天线。

(3) 扬声器堵塞，解决方法是用干净毛刷进行简单的外部清洁。

(三) 故障案例 3

1. 故障现象

无法与组内其他成员通话。

2. 解决方法

在对讲机的合理应用范围内，设置与组内其他成员相同区域下的同一频率。

三、防爆对讲机常见故障

(一) 故障案例 1

1. 故障现象

长时间未维护导致设备无法正常开机。

2. 解决方法

电池安装正确的情况下出现以上故障则表示电池馈电，需返厂重新激活。

（二）故障案例2

1. 故障现象

信道中出现其他通话声或杂音。

2. 解决方法

（1）受到同频用户干扰，更改新的频点或调整静噪级别。

（2）受外界环境或电磁干扰，避开可能引起干扰的设备。

四、集群站常见故障

（一）故障案例1

1. 故障现象

集群站无法连接到自组网设备。

2. 解决方法

检查集群站网口是否松动，更换网口对接头。（集群站网口属易损件，需及时检查）

（二）故障案例2

1. 故障现象

集群主从站之间无法实现双向通话，或通话质量较差。

2. 解决方法

架高自组网天线，从而提高主从站之间通信质量。

五、电缆隧道内人员检测定位系统常见故障

（一）故障案例1

1. 故障现象

服务端基站运行异常，基站显示标志为红色图标，系统基站为不在线状态。

2. 解决方法

出现基站不在线状态，主要问题出现在运行软件方面，重新安装软件运行即可。

（二）故障案例2

1. 故障现象

电脑端未能显示手环行进距离。

2. 解决方法

定位手环不显示行进距离，主要原因为软件运行顺序不正确，退出所有运行软件，按顺序打开 LocalSense 无线定位系统服务端，然后在执行 locationAir 目录下的"启动.bat"启动系统。

六、电缆隧道内人员通信系统常见故障

（一）故障现象

两台地下覆盖站桥接断联。

（二）解决方法

两台地下覆盖站之间使用无线桥接方式进行连接，地下覆盖站断联后有时无法自动连接，具体手动连接方式如下：

（1）进入 192.168.1.254/192.168.1.253。

（2）输入登录密码 admin/admin（admin/123456）。

（3）登录后点击无线、点击设置、无线网内部隔离取消勾选。

（4）点击启用 WDS 点击扫描，扫描后出现点击连接另一个地下覆盖站。

七、自组网络常见故障

（一）故障案例 1

1. 故障现象

无法组网。

2. 解决方法

（1）电台参数配置是否正确。请检查电台频率、带宽、网络 ID、节点 ID 等参数是否配置正确。

（2）是否存在频谱干扰。通过电台内置的频谱监测功能，检查是否有干扰。如果有，请尝试更改频点或找到关闭/远离干扰源。

（3）天线 A、B 的频谱信息，是否正常。如果无频谱干扰的情况下仍有问题请尝试更换天线。

（4）供电电流是否正常。

（二）故障案例 2

1. 故障现象

无法登录电台管理页面。

2. 解决方法

（1）IP 地址配置是否正确。用来访问电台的电脑的 IP 地址需配置成与电台在同一网段内且不冲突。

（2）电台的 DHCP 是否开启。如果网络中没有 DHCP 服务器，请利用 Node finder 软件关闭电台的 DHCP 功能。

（3）电台网口模式是否配置恰当。通常网口默认使用透传模式。

（4）网线是否损坏，如果损坏请更换。

（三）事故案例 3

1. 事故现象

当修改频点或带宽时，提示网络中没有节点时。

2. 解决方法

全局设置选项卡中"更新所以节点"被选中，请取消。

第四节　常见通信设备维护和保养

一、智能手机终端维护和保养

为确保公网通信终端使用性能正常，应对其进行定期和不定期的维护保养。

（一）电话电池检（试）验

电池检验方法如图 6-4-1 所示。

（a）打开电池盖 （b）取出电池观察

图 6-4-1　电话电池检验方法

（1）用硬币松开螺钉，拆下电池盖，观察电池外观有无变形、漏液、破损现象。

（2）使用交流充电器对公网通信终端进行充电并检（试）验充电效果，如图 6-4-2 所示。

（a）直接给电池充电 （b）将电话放在充电器座上充电

图 6-4-2　电池充电

（3）开机检（试）验。按住开关键数秒钟，检（试）验试屏幕正常亮起显示桌面，确保具有充足的电池电量，如图 6-4-3 所示。

（二）功能检（试）验

（1）注册。查看终端是否正常注册到服务器，4G 信号是否稳定。

（2）语音交互。检（试）验组呼、单呼、功能。

（3）其他。检（试）验发送短消息、视频呼叫、视频上传功能。

图 6-4-3 开机试验

二、电力应急手台维护和保养

为确保普通对讲终端使用性能正常，应对其进行定期和不定期的维护保养。

(一)电池的保养

(1)如果长时间不用的电池，一般是放置一个月以上的电池，要先完全放电后，再充足 12h，保证电池的长时间持续使用，延长电池寿命。

(2)在日常给对讲机电池充电时，一般等绿灯亮起后，再继续充 2h 左右，对电池来说比较好一些，这样能维持电池的最大蓄电量。

(3)给对讲机电池充电时，充满电后，要尽快地取出电池，不要过度充电。对于备用电池，充满了，不要继续连着充电器，直接拿下来最好。

(4)在对讲机电池快没电了，可以进行充电，不要电池还有不少电量，就急着反复地充电，这样容易缩短对讲机电池的使用寿命。当然，也尽量不要等电池一点电也没了再充电，这也不合理的。

(二)对讲机的保养

(1)对讲机长期使用后，按健、控制旋钮和机壳很容易变脏，可用中性洗剂（不要使用强腐蚀性化学药剂）和湿布清洁机壳。使用除污剂、酒精、喷雾剂或石油制剂等化学药品都可能造成对讲机表面和外壳的损坏。

(2)轻拿轻放对讲机，切勿手提天线移动对讲机。

(3)不使用耳机等附件时，请盖上防尘盖。

(4)开机之前应检查天线是否损坏，安装是否紧密。

(5)每次呼叫之前，应检查频道选择旋钮和开关，确保选择正确的系统/谈话组或者常规信道。用户应该向集群系统主管部门问清楚自己的手持机具有哪些呼叫功能，能够工作于几种系统和系统的分组情况等。用户如果使用的是单工手持机，发射时，说话语气应清晰，简单易懂。由于单工手持机收发不能同时进行，因此一次发射的时间不能太长，否则对方会不习惯操作而插话。此外，发射时用户应保证天线离面部有一段距离，手持机与嘴有 2~3in 间隔。接收时释放 PTT 键。通话结束，一定要拆线。

(三)业务测试

电力应急手台业务测试项目和内容见表 6-4-1。

表 6-4-1　　　　电力应急手台检（试）验项目和检（试）验内容

序号	检（试）验项目	检 （试）验 内 容
1	主机	(1)检查终端天线连接是否牢固，有无破损。 (2)检查 PTT 讲话键是否可用、好用。 (3)检查频道按钮键是否可用、好用。 (4)检查音量/开关键按钮是否可用、好用。 (5)检查区域听筒/耳机孔是否可用、好用

续表

序号	检（试）验项目	检（试）验内容
2	电池	（1）检查电池外观状态，有无漏液状态。 （2）检查电池电量状态，有无馈电现象
3	业务	检查呼叫业务状态

三、卫星通信车维护和保养

（一）卫星通信车维护和保养原则

为确保通信车的使用性能正常，对其进行定期和不定期的维护保养是非常重要的。

（二）卫星系统天线维护和保养项目

卫星系统天线维护和保养项目及内容见表 6-4-2。

表 6-4-2　　　　　　　　卫星系统天线维护和保养项目及内容

序号	维护和保养项目	维护和保养内容
1	天线安装环境	（1）检查干扰、污染源、遮挡的情况。 （2）天线安装位置面向卫星的方向应无高的物体遮挡。 （3）天线安装位置附近无 Ku 波段发射源存在。 （4）天线安装位置附近无污染源存在。 （5）天线避雷接地装置是否完好
2	天线自身状态	（1）天线自身应无锈蚀、无变形的现象，如有做相应记录。 （2）同时查明原因，并做好维护。 （3）检查天线馈源薄膜是否出现破损现象，如有则更换。 （4）天线传动系统应灵活，加涂润滑油保证其灵活度。 （5）天线各部件连接应固定，用手使劲摇晃无方位、俯仰角度移动的现象。 （6）天线各部件连接防水无漏水现象出现，检查防水胶带是否有老化现象，如有老化更换防水胶带
3	天线工作状态	（1）对星应准确，如信标绝对高度低于−85dBm 需重新对星。 （2）车载天线自动对星系统完好

（三）卫星系统其他部件维护和保养

卫星系统其他部件维护和保养项目及内容见表 6-4-3。

表 6-4-3　　　　　　　　卫星系统其他部件维护和保养项目及内容

序号	部件名称	维护和保养项目及内容
1	线缆及接头	（1）室内连接室外 BUC 和 LNB 的线缆应无破损、标识模糊的现象。 （2）线缆接头制作牢固，如有松的现象直接更换。 （3）线缆的损耗应低于 16dB/100m（1.2GHz），如不满足则更换。 （4）室内加馈电，室外 BUC、LNB 工作正常，如不正常，进行检查并作相应处理
2	设备安装机柜	（1）设备安装机柜应稳固。 （2）机柜应无灰尘积压

续表

序号	部 件 名 称	维护和保养项目及内容
3	卫星 Modem 工作状态	（1）卫星 Modem 安装稳定，四周具有散热空间，如无则调整安装位置。 （2）散热风扇运转正常，如不正常则检查供电是否正常，连接线是否出现老化并记录。 （3）卫星 Modem 前面板指示灯态正常，如不正常需登录到卫星 Modem 的配置界面检查问题。 （4）进入卫星 Modem 配置界面并记录接收参数设置和发射参数设置，具体故障参考产品故障说明书。 （5）查看卫星 Modem 路由表信息并记录，如有不正常则修改。 （6）查看卫星 Modem 磁盘利用率并记录
4	路由器	（1）检查路由器 IOS 版本。 （2）检查路由器持续运行时间。 （3）检查路由器 CPU 利用率。 （4）检查路由器的路由协议设置是否正常，如不正常则修改。 （5）检查卫星应急通信网全网连通性
5	业务检查	（1）监控自动化业务运行是否正常，如不正常，首先检查局域网络是否连通，检查卫星信道是否正常，再检查自动化业务的配置是否正常。 （2）话音业务运行是否正常，如不正常，先检查局域网络和卫星网络是否正常，再检查话音业务的 IP 地址和号码的映射是否正常

（四）jonet 单兵系统硬件设备检测和业务检测

1. 硬件设备检测

（1）检查单兵背负及车载主站有无损坏，如有按照备件清单进行更换，若不在清单中，则协商进行更换。

（2）检查单兵背负天线、控制手柄情况，如有损坏，进行相应更换。

（3）检查连接线缆、备用电池、DV（数码摄像机）情况。

2. 业务检测

（1）将 jonet 单兵系统启动，对其使用情况进行检测。

（2）若图像无法上传，检测 DV 摄像状态，如有问题，进行处理。

（3）若 DV 无问题，检测单兵手柄状态，如状态异常，对周围环境进行检测。

（4）若周围环境无问题，对单兵车载台进行检测。登录车载台，对其配置进行检测。

（五）MOTO 对讲系统硬件设备检测和业务检测

1. 硬件设备检测

（1）检查信道机及对讲机有无损坏，如有按照备件清单进行更换，若不在清单中，则协商进行更换。

（2）检查备用电池、天线等状况。

2. 业务检测

（1）检测对讲系统使用情况，如个别对讲机出现问题，检测对讲机状况，对其进行维修处理；

（2）如所有对讲机出现问题，检测周围环境干扰，如无干扰，对信道机协商维修处理。

（六）车载音视频系统硬件设备检测和业务检测

1. 硬件设备检测

对车载矩阵、硬盘录像机、屏幕进行检测，查看有无损坏，如有损坏，协商进行维修；

2. 业务检测

（1）打开车载云台并录像，查看硬盘录像机录像情况。

（2）调用车载录像内容，对录制的图像及其音频进行检测。

（3）对屏幕、音响音视频进行检测。

（七）网络系统硬件设备检测和业务检测

1. 硬件设备检测

对 3G 路由、网络交换机开机后现场运行情况进行检测，查看其运行情况。

2. 业务检测

在网络交换机上对指挥中心进行 ping 测试，如无法 ping 通，检测交换机状态。如无问题，对 3G 路由进行检查，并对相应问题设备协商处理维修。

四、应急通信方舱维护和保养

（一）维护和保养原则

为确保应急通信车的使用性能正常，对其进行定期和不定期的维护保养是非常重要的。

（二）承载方舱维护和保养项目及内容

承载方舱维护和保养项目及内容见表 6-4-4。

表 6-4-4　　　　　　　　　　承载方舱维护和保养项目及内容

序号	项　　目	维护和保养内容及要求
1	升降系统	（1）检查自动升降系统是否在 3min 之内完成一次升降操作，如有问题则记录并进行调试、维修。 （2）检查手动升降系统是否可以在 12kN 手柄力范围内进行操作
2	车舱固定机构	检查车舱固定机构是否牢固，如有问题则记录并进行调试、维修
3	调平系统	检查调平系统是否正常，如有问题则记录并进行调试、维修
4	行走系统	检查行走系统是否正常，如有问题则记录并进行调试、维修
5	供电系统	检查供电系统是否正常，如有问题则记录并进行调试、维修
6	照明系统	检查照明系统是否正常，如有问题则记录并进行调试、维修
7	举升系统	检查举升系统是否正常，如有问题则记录并进行调试、维修
8	维护周期	每周针对承载方舱运维一次

（三）卫星天线模块维护和保养项目及内容

卫星天线模块维护和保养项目及内容见表 6-4-5。

表 6 - 4 - 5   卫星天线模块维护和保养项目及内容

序号	项　目	维护和保养内容及要求
1	天线自身状态	(1) 检查天线自身应无锈蚀、无变形的现象，如有问题则记录并进行调试、维修。 (2) 检查天线馈源薄膜是否出现破损现象，如有问题则记录并进行调试、维修。 (3) 检查天线传动系统应灵活性，加涂润滑油保证其灵活度。 (4) 天线各部件连接应固定，用手使劲摇晃无方位、俯仰角度移动的现象。 (5) 天线各部件连接防水应无漏水现象出现，检查防水胶带是否有老化现象，如有老化更换防水胶带
2	天线工作状态	(1) 对星应准确，如信标绝对高度低于−85dBm 需重新对星。 (2) 天线自动对星系统完好
3	天线接头	(1) 线缆接头制作牢固，如有松的现象直接更换。 (2) 线缆的损耗应低于 16dB/100m (1.2GHz)，如不满足则更换。 (3) 加馈电，BUC、LNB 工作正常，如不正常，进行检查并作相应处理
4	系统服务器	对系统服务器进行维护，保证设备无报警，软件及系统运行正常
5	维护周期	每周针对卫星天线模块运维一次

（四）卫星通信模块维护和保养项目及内容

卫星通信模块维护和保养项目及内容见表 6 - 4 - 6。

表 6 - 4 - 6   卫星通信模块维护和保养项目及内容

序号	项　目	维护和保养内容及要求
1	卫星 Modem 工作状态维护	(1) 卫星 Modem 安装稳定，四周具有散热空间，如无则调整安装位置。 (2) 散热风扇运转正常，如不正常则检查供电是否正常，连接线是否出现老化并记录。 (3) 卫星 Modem 前面板指示灯态正常，如不正常需登录到卫星 Modem 的配置界面检查问题。 (4) 进入卫星 Modem 配置界面，并记录接收参数设置和发射参数设置，具体故障参考产品故障说明书。 (5) 查看卫星 Modem 路由表信息并记录，如有不正常则修改。 (6) 查看卫星 Modem 磁盘利用率并记录
2	路由器检查	(1) 检查路由器 IOS 版本。 (2) 检查路由器持续运行时间。 (3) 检查路由器 CPU 利用率。 (4) 检查路由器的路由协议设置是否正常，如不正常则修改。 (5) 检查卫星应急通信网全网连通性
3	业务检查	(1) 监控自动化业务运行是否正常，如不正常，首先检查局域网络是否连通，检查卫星信道是否正常，再检查自动化业务的配置是否正常。 (2) 话音业务运行是否正常，如不正常，先检查局域网络和卫星网络是否正常，再检查话音业务的 IP 地址和号码的映射是否正常
4	网络设备硬件维护	对 4G 路由开机后现场运行情况进行检测，查看其运行情况，检查所有网络设备的运行状态，并登记故障情况

续表

序号	项　目	维护和保养内容及要求
5	网络设备业务维护	（1）在网络交换机上对指挥中心进行 ping 测试，如无法 ping 通，检测交换机状态，如无问题，对 4G 路由进行检查，并对相应问题设备协商处理维修。 （2）对现场无线覆盖进行逐个检测，并登记所有覆盖情况
6	电源系统维护	UPS 电源保证业务系统在无外电供应的情况下，业务正常运行时间不少于 30min

（五）随行应急视频会商模块维护和保养项目及内容

随行应急视频会商模块维护和保养项目及内容见表 6-4-7。

表 6-4-7　　　　　　　　随行视频应急会商模块维护和保养项目及内容

序号	项　目	维护和保养内容及要求
1	随行应急视频会商模块硬件维护	检查随行应急视频会商模块投影功能、显示功能、打印功能、音视频采集功能是否正常，如有问题则记录并进行调试、维修
2	随行应急视频会商平台业务维护	（1）将随行应急视频会商平台启动，对其使用情况进行检测。 （2）检查随行应急视频会商平台语音呼叫是否正常，包括组呼、单呼、会议呼叫等各种模式下的工作状态，如有问题则记录并进行调试、维修。 （3）检查终端之间进行信息发送，如有问题则记录并进行调试、维修。 （4）检查随行应急视频会商平台视频功能是否正常，包括视频调用、视频转发、历史查询等功能，如有问题则记录并进行调试、维修
3	远程交互呈现系统业务维护	（1）将高清视频会议及远程会商系统启动。 （2）检查会议图像是否正常，包括本地及远程会议图像效果，如有问题则记录并进行调试、维修。 （3）检查会议音频是否正常，包括本地及远程会议声音效果，如有问题则记录并进行调试、维修。 （4）检查会议辅流是否正常，如有问题则记录并进行调试、维修。 （5）检查系统是否可以与山东省气象局会议系统互联互通，如有问题则记录并进行调试、维修
4	单兵视频回传系统业务维护	（1）将单兵视频回传系统终端启动，对其使用情况进行检测。 （2）检查单兵视频回传系统高清视频回传是否正常，如有问题则记录并进行调试、维修。 （3）检查单兵视频回传系统是否可以采集无人机采集的高清视频信号，如有问题则记录并进行调试、维修。 （4）确保兵视频回传系统具备接入扩展至应急指挥态势标会系统的能力
5	维护周期	每周针对随行应急视频会商模块运维一次

（六）无人机视频采集模块维护和保养项目及内容

无人机视频采集模块维护和保养项目及内容见表 6-4-8。

表 6-4-8　　　　　　　无人机视频采集模块维护和保养项目及内容

序号	项　目	维护和保养内容及要求
1	视频采集回传模块维护	检查视频采集回传模块是否可采集高清移动图像，并回传至单兵视频回传系统，如有问题则记录并进行调试、维修

序号	项 目	维护和保养内容及要求
2	发动机维护	检查发动机启动后运行是否正常,如有问题则记录并进行调试、维修
3	旋翼维护	检查各旋翼外观、旋转是否正常,如有问题则记录并进行调试、维修
4	飞控维护	检查飞控对无人机控制是否正常,如有问题则记录并进行调试、维修
5	云台维护	检查云台运行是否正常,如有问题则记录并进行调试、维修
6	电池维护	检查电池电量是否正常,如有问题则记录并进行调试、维修
7	维护周期	每周针对无人机视频采集模块运维一次

(七) 隧道通信模块维护和保养项目及内容

隧道通信模块维护和保养项目及内容见表 6-4-9。

表 6-4-9   隧道通信模块维护和保养项目及内容

序号	项 目	维护和保养内容及要求
1	信号覆盖检查维护	(1) 检查路由器 IOS 版本。 (2) 检查路由器持续运行时间。 (3) 检查路由器 CPU 利用率。 (4) 检查路由器的路由协议设置是否正常,如有问题则记录并进行调试、维修。 (5) 检查测试覆盖距离是否大于 100m,如有问题则记录并进行调试、维修
2	信号接收检查维护	对 4G 路由开机后现场运行情况进行检测,查看其运行情况,检查所有网络设备的运行状态,如有问题则记录并进行调试、维修
3	通道维护	确保 VPDN 应急专网网络资费正常
4	维护周期	每周针对隧道通讯模块运维一次

(八) 移动单兵通信模块维护和保养项目及内容

移动单兵通信模块维护和保养项目及内容见表 6-4-10。

表 6-4-10   移动单兵通信模块维护和保养项目及内容

序号	项 目	维护和保养要求
1	移动单兵通信模块硬件维护	(1) 检查移动单兵通信模块有无损坏,如有则记录,并进行维修。 (2) 检查箱内 IP 多媒体通信终端有无损害,如有则记录,并进行维修。 (3) 检查 IP 多媒体通信终端电量是否充足,如故障则记录,进行维修,如低电量则进行充电
2		(1) 将 IP 多媒体通信终端启动,对其使用情况进行检测。 (2) 检查 IP 多媒体通信终端语音呼叫是否正常,包括组呼、单呼、会议呼叫等各种模式下的工作状态。 (3) 检查终端之间进行信息发送。 (4) 检查 IP 多媒体通信终端视频功能是否正常,包括视频调用、视频转发等功能
3	维护周期	每周针对移动单兵通信模块维一次

五、海事卫星电话维护和保养

为确保海事卫星电话使用性能正常,对其进行定期和不定期的维护保养是非常重要的。

（一）电话电池的检查

（1）用硬币（或使用专为拆卸电池而设计的工具）松开螺钉，拆下电池盖，观察电池外观有无变形、漏液、破损现象，如图 6 - 4 - 4（a）所示。

（2）使用交流充电器、micro USB 电缆、车用充电器对电话进行充电并检（试）验充电效果，如图 6 - 4 - 4（b）所示。

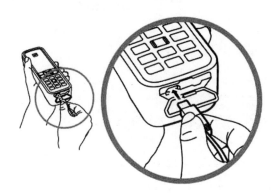

（a）拆下电池盖观察　　　　　　（b）检验充电效果

图 6 - 4 - 4　海事卫星电话电池检查

（二）电话开机检（试）验

按住红色键 🔴 数秒钟，检（试）验试屏幕正常亮起，显示 Inmarsat 徽标，确保具有充足的电池电量。

（三）连接卫星与获取 GPS 定位检（试）验

站在空旷无遮挡的室外，将电话天线向上竖起，检（试）验信号强度，直至 🔲 图标消失。

（四）拨叫和接听电话检（试）验

按以下规范进行拨叫与接听检（试）验：

（1）主叫方为卫星电话，被叫方为地面电话：00＋国际区号＋国内区号＋电话号码。例 1：拨打敦煌地面电话 0937 - 8838738：0086 937 8838738。例 2：拨打中国地面手机 13909372886：0086 13909372886；

（2）主叫方为卫星电话，被叫方为卫星电话：0088216 -××××××××（或直接拨打××××××××）。

（3）主叫方为地面电话，被叫方为卫星电话：00＋国际区号＋国内区号＋电话号码。

（五）关机拨叫和接听电话检（试）验

按住红色键 🔴 数秒钟，进行关机检（试）验。

六、海事卫星便携 BGAN-E700 维护和保养

为确保卫星电话使用性能正常，对其进行定期和不定期的维护保养是非常重要的。

（一）电话电池检（试）验

（1）拆下电池盖，观察电池外观有无变形、漏液、破损现象，如图 6 - 4 - 5 所示。

图 6-4-5　拆下电池盖观察电池外观

（2）使用交直流供电器对电话进行充电并检（试）验充电效果。

（二）电话开机检（试）验

POWER ON 开启后系统提示是否寻找卫星，按 OK 键寻找卫星，并且调整天线角度，检（试）验是否可以实现卫星通信。

（三）电话呼叫检（试）验

按以下方式进行电话呼叫检（试）验：

（1）从卫星电话进行呼叫。从卫星电话外接的电话上呼叫固定电话：00＋〈国家代码〉＋〈区号〉＋〈电话号码〉＋♯。例如：00 86 10 64248515 ♯。

（2）呼叫卫星电话。固定电话呼叫卫星电话或是卫星电话呼叫另一台卫星电话：00 870 〈卫星电话的电话号码〉。

（四）传真检（试）验

按以下方式进行传真检（试）验：和呼叫语音类似，前面加拨 2＊＋00＋〈国家代码〉＋〈区号〉＋〈对方传真号码〉＋♯。例如：2＊00 86 10 65293322 ♯。

七、隧道通信保障单元维护和保养

为确保隧道系统的使用性能正常，对其进行定期和不定期的维护保养是非常重要的，见表 6-4-11。

表 6-4-11　　　　　隧道通信保障单元维护和保养的内容过程规定

序号	项　　目	维护和保养的内容过程规定
1	隧道定位系统维护保养	（1）内置电池避免完全放电（使用到黑屏断电）。 （2）长期不使用时，应将定位单元，置于阴凉干燥处，切不要进行冷冻，避免水气侵蚀，避免放在高温的汽车内使用，如长时间保存，将电池充到 40% 后放置。 （3）定位单元存储过程中应避免金属物体进入箱体，金属物体进入箱体，可能导致电池产生泄露、发热、冒烟、火灾以及爆炸。 （4）避免靠近热源、明火、易燃易爆气体和液体，可能导致电池泄露、发热、冒烟、火灾以及爆炸。 （5）定位单元如需长时间储存（超过 1 个月），建议充电到 40%～60%，储存期间每月需对电池进行补充电 1～2h。 （6）禁止私自拆解本电池或对本电池进行改装，否则不予保修

续表

序号	项 目	维护和保养的内容过程规定
2	定位标签维护保养	（1）定位标签为精密设备，为确保标签正常使用，减少故障延长使用寿命，应保证每 3 个月对标签电池进行补充电 1～2h。 （2）要保证定位标签的净洁，避免灰尘对定位标签的损害，因为灰尘容易产生静电，若设备太脏，容易因静电而受损
3	笔记本电脑维护	（1）注意电脑的使用环境。注意环境清洁，如果灰尘侵入电脑内部，经过长期积累后，容易引起软驱、光驱读写错误，严重时容易引起电路的短路，电脑在运行一段时间后，应进行相应的清洁工作。 （2）注意环境的温度和湿度。电脑的理想工作温度是 5～35℃，环境湿度过低或过高，容易造成无法正常启动和频繁死机。理想的工作湿度为 30％～80％，湿度过高容易造成短路，过低则容易产生静电。 （3）养成良好的使用习惯。正常开关机，不要随便删除硬盘中的文件，硬盘中存放着许多应用程序，如果不小心将其中的程序文件删掉，可能导致系统或软件无法正常运行
4	隧道通信系统维护保养	（1）内置电池避免完全放电（使用到黑屏断电）。 （2）长期不使用时，应将通信单元，置于阴凉干燥处，切不要进行冷冻，避免水气侵蚀，避免放在高温的汽车内使用，如长时间保存，将电池充到 40％后放置。 （3）通信单元存储过程中应避免金属物体进入箱体。金属物体进入箱体，可能导致电池产生泄露、发热、冒烟、火灾以及爆炸。 （4）避免靠近热源、明火、易燃易爆气体和液体，可能导致电池泄露、发热、冒烟、火灾以及爆炸。 （5）通信单元如需长时间储存（超过 1 个月），建议充电到 40％～60％，储存期间每月需对电池进行补充电 1～2h。 （6）禁止私自拆解本电池或对本电池进行改装，否则不予保修
5	无线智能呼救器维护保养	（1）该仪器为本质安全型，不得随意更改本安参数、规格、型号。 （2）请勿在易燃易爆场所拆卸，充电必须在地面安全场所进行。 （3）呼救器每个月不用必须进行一次充电。充电为免维护自动充电箱，接通电源插上呼救器即自动充电，当绿灯亮表示充满即转入小电流充电，一次充电 12h 结束。 （4）本品为防水、防爆型，外壳破损、有裂痕的必须报废，不得进入救援现场。 （5）存贮放置于干燥无腐蚀性气体的地方

八、自组网维护和保养

（一）自组网维护和保养原则

（1）为确保自组网的使用性能正常，对其进行定期和不定期的维护保养是非常重要的。

（2）自组网由于是无线传播，相对有线传播机器更容易保养和维护，但是对于工作环境、操作技巧有一定的要求，按照合理的方式处理不仅可以延长机器使用寿命，还能准确高效地工作。

（二）维护和保养内容及要求

1. 工作环境

避免在高温、湿润、低温、强电磁场或尘埃较大的环境中运用，在对自组网进行测验时，有必要接上匹配的天线，不然容易损坏发射机。如果接上了天线，人体离天线的间隔最好超过2m，避免造成伤害，切勿在发射时触摸天线。

2. 操作技巧

不要让自组网接连不断地处于发射状况，不然也许会烧坏自组网；切勿带电插、拔串口，容易烧坏通信接口。

复 习 思 考 题

1. 应急视频会议系统在日常运维保障中经常碰到的故障主要有哪些？应急视频会议系统按照系统的组成常见故障可分为哪几类？

2. 机动应急通信系统常见故障主要有哪些？

3. 应急指挥平台常见故障有哪些？

4. 对讲机系统常见故障有哪些？

5. 集群站常见的故障有哪些？

6. 电缆隧道内人员检测定位系统常见故障有哪些？

7. 电缆隧道内人员通信系统常见故障有哪些？

8. 智能手机终端维护保养的原则是什么？智能手机终端维护保养的项目和内容是怎样的？

9. 智能手机终端常见故障现象有哪些？应怎样排除这些故障？

10. 电力应急手台维护保养的原则是什么？电力应急手台维护和保养的项目及内容有哪些？

11. 电力应急手台常见故障现象有哪些？应怎样排除这些故障？

12. 卫星通信车维护保养的原则是什么？卫星通信车维护和保养的项目及内容有哪些？

13. 卫星通信车常见故障现象有哪些？应怎样排除这些故障？

14. 应急通信方舱维护保养的原则是什么？应急通信方舱维护和保养的项目及内容有哪些？

15. 应急通信方舱常见故障现象有哪些？应怎样排除这些故障？

16. 海事卫星电话维护和保养的原则是什么？海事卫星电话维护和保养的项目及内容有哪些？

17. 海事卫星电话常见故障现象有哪些？应怎样排除这些故障？

18. 海事卫星便携BGAN-E700维护和保养的原则是什么？有哪些维护和保养的项目及内容要求？

19. 海事卫星便携BGAN-E700常见故障现象有哪些？应怎样排除这些故障？

20. 隧道通信保障单元维护保养的原则是什么？有哪些维护和保养的项目和内容要求？

21. 自组网维护和保养的原则是什么？自组网维护和保养的项目和内容有哪些？

22. 自组网常见故障现象有哪些？应怎样排除自组网的这些故障？

附　　录

附录1　国家电网公司应急工作管理规定

第一章　总　　则

第一条　为了全面规范和加强国家电网公司（以下简称"公司"）应急工作，提高公司防范和应对突发事件的能力，预防和减少突发事件的发生，控制、减轻和消除突发事件引起的严重社会危害，维护国家安全、社会稳定和人民生命财产安全，保障公司正常生产经营秩序，维护公司品牌和社会形象，制定本规定。

第二条　本规定所指应急工作，是指公司应急体系建设与运维，突发事件的预防与应急准备、监测与预警、应急处置与救援、事后恢复与重建等活动。

第三条　本规定所称突发事件，是指突然发生，造成或者可能造成严重社会危害，需要公司采取应急处置措施予以应对，或者参与应急救援的自然灾害、事故灾难、公共卫生事件和社会安全事件。

按照社会危害程度、影响范围等因素，上述突发事件分为特别重大、重大、较大和一般四级。分级标准执行国家相关规定，国家无明确规定的，由公司相关职能部门在专项应急预案中确定，或由公司应急领导小组研究决定。

第四条　公司应急工作原则如下：

以人为本，减少危害。在做好企业自身突发事件应对处置的同时，切实履行社会责任，把保障人民群众和公司员工的生命财产安全作为首要任务，最大程度减少突发事件及其造成的人员伤亡和各类危害；

居安思危，预防为主。坚持"安全第一、预防为主、综合治理"的方针，树立常备不懈的观念，增强忧患意识，防患于未然，预防与应急相结合，做好应对突发事件的各项准备工作；

统一领导，分级负责。落实党中央、国务院的部署，坚持政府主导，在公司党组的统一领导下，按照综合协调、分类管理、分级负责、属地管理为主的要求，开展突发事件预防和处置工作；

把握全局，突出重点。牢记企业宗旨，服务社会稳定大局，采取必要手段保证电网安全，通过灵活方式重点保障关系国计民生的重要客户、高危客户及人民群众基本生活用电；

快速反应，协同应对。充分发挥公司集团化优势，建立健全"上下联动、区域协作"快速响应机制，加强与政府的沟通协作，整合内外部应急资源，协同开展突发事件处置工作；

依靠科技，提高能力。加强突发事件预防、处置科学技术研究和开发，采用先进的监测预警和应急处置装备，充分发挥公司专家队伍和专业人员的作用，加强宣传和培训，提高员工自救、互救和应对突发事件的综合能力。

第五条　本规定适用于公司总（分）部、各单位及所属各级单位（含全资、控股、代管单位）的应急管理工作。

集体企业参照执行。

第二章　组织机构及职责

第六条　公司建立由各级应急领导小组及其办事机构组成的，自上而下的应急领导体系；由安质部归口管理、各职能部门分工负责的应急管理体系；根据突发事件类别和影响程度，成立专项事件应急处置领导机构（临时机构）。

形成领导小组决策指挥、办事机构牵头组织、有关部门分工落实、党政工团协助配合、企业上下全员参与的应急组织体系，实现应急管理工作的常态化。

第七条　公司应急领导小组全面领导应急工作。组长由董事长担任，或董事长委托一位公司领导担任，副组长由其他公司领导担任，成员由助理、总师，部门、分部主要负责人，相关单位主要负责人组成。

第八条　公司应急领导小组根据突发事件处置需要，决定是否成立专项事件应急处置领导机构，或授权相关分部，领导、协调，组织、指导突发事件处置工作。

第九条　公司应急领导小组下设安全应急办公室和稳定应急办公室（两个应急办公室以下均简称"应急办"）作为办事机构。

安全应急办设在国网安质部，负责自然灾害、事故灾难类突发事件，以及社会安全类突发事件造成的公司所属设施损坏、人员伤亡事件的有关工作。

稳定应急办设在国网办公厅，负责公共卫生、社会安全类突发事件的有关工作。

第十条　国网安质部是公司应急管理归口部门，负责日常应急管理、应急体系建设与运维、突发事件预警与应对处置的协调或组织指挥、与政府相关部门的沟通汇报等工作。

第十一条　各职能部门按照"谁主管、谁负责"原则，贯彻落实公司应急领导小组有关决定事项，负责管理范围内的应急体系建设与运维、相关突发事件预警与应对处置的组织指挥、与政府专业部门的沟通协调等工作。

第十二条　各分部参照总部成立应急领导小组、安全应急办公室和稳定应急办公室，明确应急管理归口部门，视需要临时成立相关事件应急处置指挥机构，形成健全的应急组织体系，按照总、分部一体化要求，常态开展应急管理工作。

第十三条　各省（自治区、直辖市）电力公司、直属单位（以下简称"公司各单位"）行政正职是本单位应急工作第一责任人，对应急工作负全面的领导责任。其他分管领导协助行政正职开展工作，是分管范围内应急工作的第一责任人，对分管范围内应急工作负领导责任，向行政正职负责。

第十四条　公司各单位相应成立应急领导小组。组长由本单位行政正职担任。领导小组成员名单及常用通信联系方式上报公司应急领导小组备案。

第十五条　公司各单位应急领导小组主要职责：贯彻落实国家应急管理法律法规、方针政策及标准体系；贯彻落实公司及地方政府和有关部门应急管理规章制度；接受上级应急领导小组和地方政府应急指挥机构的领导；研究本企业重大应急决策和部署；研究建立和完善本企业应急体系；统一领导和指挥本企业应急处置实施工作。

第十六条　公司各单位应急领导小组下设安全应急办公室和稳定应急办公室。安全应急办公室设在安质部，稳定应急办公室设在办公室（或综合管理部门），工作职责同第九条规定的公司安全应急办公室和稳定应急办公室的职责。

第十七条 公司各单位安质部及其他职能部门应急工作职责分工，同第十条国网安质部、第十一条国网各职能部门职责。

第十八条 公司各单位根据突发事件处置需要，临时成立专项事件应急处置指挥机构，组织、协调、指挥应急处置。专项事件应急处置指挥机构应与上级相关机构保持衔接。

第三章 应急体系建设

第十九条 公司建立"统一指挥、结构合理、功能实用、运转高效、反应灵敏、资源共享、保障有力"的应急体系，形成快速响应机制，提升综合应急能力。

第二十条 应急体系建设内容包括：持续完善应急组织体系、应急制度体系、应急预案体系、应急培训演练体系、应急科技支撑体系，不断提高公司应急队伍处置救援能力、综合保障能力、舆情应对能力、恢复重建能力，建设预防预测和监控预警系统、应急信息与指挥系统。

第二十一条 应急预案体系由总体预案、专项预案、现场处置方案构成（见附件1），应满足"横向到边、纵向到底、上下对应、内外衔接"的要求。总部、分部、各省（自治区、直辖市）电力公司原则上设总体预案、专项预案，根据需要设现场处置方案。市级供电公司、县级供电企业设总体预案、专项预案、现场处置方案。各直属单位及所属厂矿企业根据工作实际，参照设置相应预案。

第二十二条 应急制度体系是组织应急工作过程和进行应急工作管理的规则与制度的总和，是公司规章制度的重要组成部分，包括应急技术标准，以及其他应急方面规章制度性文件。

第二十三条 应急培训演练体系包括专业应急培训基地及设施、应急培训师资队伍、应急培训大纲及教材、应急演练方式方法，以及应急培训演练机制。

第二十四条 应急科技支撑体系包括为公司应急管理、突发事件处置提供技术支持和决策咨询，并承担公司应急理论、应急技术与装备研发任务的公司内外应急专家及科研院所应急技术力量，以及相关应急技术支撑和科技开发机制。

第二十五条 应急队伍由应急救援基干分队、应急抢修队伍和应急专家队伍组成。应急救援基干分队负责快速响应实施突发事件应急救援；应急抢修队伍承担公司电网设施大范围损毁修复等任务；应急专家队伍为公司应急管理和突发事件处置提供技术支持和决策咨询。

第二十六条 综合保障能力是指公司在物质、资金等方面，保障应急工作顺利开展的能力。包括各级应急指挥中心、电网备用调度系统、应急电源系统、应急通信系统、特种应急装备、应急物资储备及配送、应急后勤保障、应急资金保障、直升机应急救援等方面内容。

第二十七条 舆情应对能力是指按照公司品牌建设规划推进和国家应急信息披露各项要求，规范信息发布工作，建立舆情分析、应对、引导常态机制，主动宣传和维护公司品牌形象的能力。

第二十八条 恢复重建能力包括事故灾害快速反应机制与能力、人员自救互救水平、事故灾害损失及恢复评估、事故灾害现场恢复、事故灾害生产经营秩序和灾后人员心理恢复等方面内容。

第二十九条 预防预测和监控预警系统是指通过整合公司内部风险分析、隐患排查等管理手段，各种在线与离线电网、设备监测监控等技术手段，以及与政府相关专业部门建立信息沟通机制获得的自然灾害等突发事件预测预警信息，依托智能电网建设和信息技术发展成果，形成覆盖公司各专业的监测预警技术系统。

第三十条 应急信息和指挥系统是指在较为完善的信息网络基础上，构建的先进实用的应急管理信息平台，实现应急工作管理，应急预警、值班，信息报送、统计，辅助应急指挥等功能，满足公司各级应急指挥中心互联互通，以及与政府相关应急指挥中心联通要求，完成指挥员与现场的高效沟通及信息快速传递，为应急管理和指挥决策提供丰富的信息支撑和有效的辅助手段。

第三十一条 总部、分部及公司各单位均应组织编制应急体系建设五年规划，纳入企业发展总体规划一并实施。公司各单位还应据此建立应急体系建设项目储备库，逐年滚动修订完善建设项目，并制定年度应急工作计划，纳入本单位年度综合计划，同步实施，同步督查，同步考核。

第三十二条 公司各单位应急管理归口部门及相关职能部门均应根据自身管理范围，制订计划，组织协调，开展应急体系相关内容建设，确保应急体系运转良好，发挥应急体系作用，应对处置突发事件。

第四章 预防与应急准备

第三十三条 电网规划、设计、建设和运行过程中，应充分考虑自然灾害等各类突发事件影响，持续改善布局结构，使之满足防灾抗灾要求，符合国家预防和处置自然灾害等突发事件的需要。

第三十四条 公司各单位均应建立健全突发事件风险评估、隐患排查治理常态机制，掌握各类风险隐患情况，落实防范和处置措施，减少突发事件发生，减轻或消除突发事件影响。

第三十五条 分层分级建立相关省电力公司（直属单位）、市级供电公司（厂矿企业、专业公司）、县级供电企业间应急救援协调联动和资源共享机制；公司各单位还应研究建立与相关非公司所属企业、社会团体间的协作支持机制，协同开展突发事件处置工作。

第三十六条 公司各单位均应与当地气象、水利、地震、地质、交通、消防、公安等政府专业部门建立信息沟通机制，共享信息，提高预警和处置的科学性，并与地方政府、社会机构、电力用户建立应急沟通与协调机制。

第三十七条 公司各单位均应定期开展应急能力评估活动，应急能力评估宜由本单位以外专业评估机构或专业人员按照既定评估标准，运用核实、考问、推演、分析等方法，客观、科学的评估应急能力的状况、存在的问题，指导本单位有针对性开展应急体系建设。

第三十八条 公司各单位应加强应急救援基干分队、应急抢修队伍、应急专家队伍的建设与管理，配备先进和充足的装备，加强培训演练，提高应急能力。

第三十九条 总部及公司各单位应加大应急培训和科普宣教力度，针对所属应急救援基干分队、应急抢修队伍、应急专家队伍人员，定期开展不同层面的应急理论和技能培训，结合实际经常向全体员工宣传应急知识，提高员工应急意识和预防、避险、自救、互救能力。

第四十条 总部及公司各单位均应按应急预案要求定期组织开展应急演练，每两年至少组织一次大型综合应急演练，演练可采用桌面（沙盘）推演、验证性演练、实战演练等多种形式。相关单位应组织专家对演练进行评估，分析存在问题，提出改进意见。涉及政府部门、公司系统以外企事业单位的演练，其评估应有外部人员参加。

第四十一条 总部及公司各单位应加强应急指挥中心运行管理，定期进行设备检查调试，组织开展相关演练，保证应急指挥中心随时可以启用。

第四十二条 总部及公司各单位应开展重大舆情预警研判工作，完善舆情监测与危机处置联动机制，加强信息披露、新闻报道的组织协调，深化与主流媒体合作，营造良好舆论环境。

第四十三条 加强应急工作计划管理，公司各单位应按时编制、上报年度工作计划；公司下达的年度应急工作计划相关内容及本单位年度工作计划均应纳入本单位年度综合计划，认真实施，严格考核。

第四十四条 公司各单位应加强应急专业数据统计分析和总结评估工作，及时、全面、准确地统计各类突发事件，编写并及时向公司应急管理归口部门报送年度（半年）应急管理和突发事件应急处置总结评估报告、季度（年度）报表。

第四十五条 公司各单位要严格执行有关规定，落实责任，完善流程，严格考核，确保突发事件信息报告及时、准确、规范。

第五章 监 测 与 预 警

第四十六条 公司各单位应及时汇总分析突发事件风险，对发生突发事件的可能性及其可能造成的影响进行分析、评估，并不断完善突发事件监测网络功能，依托各级行政、生产、调度值班和应急管理组织机构，及时获取和快速报送相关信息。

第四十七条 总部、分部、公司各单位应不断完善应急值班制度，按照部门职责分工，成立重要活动、重要会议、重大稳定事件、重大安全事件处理、重要信息报告、重大新闻宣传、办公场所服务保障和网络与信息安全处理等应急值班小组，负责重要节假日或重要时期24小时值班，确保通信联络畅通，收集整理、分析研判、报送反馈和及时处置重大事项相关信息。

第四十八条 突发事件发生后，事发单位应及时向上一级单位行政值班机构和专业部门报告，情况紧急时可越级上报。根据突发事件影响程度，依据相关要求报告当地政府有关部门。

信息报告时限执行政府主管部门及公司相关规定。

突发事件信息报告包括即时报告、后续报告，报告方式有电子邮件、传真、电话、短信等（短信方式需收到对方回复确认）。

事发单位、应急救援单位和各相关单位均应明确专人负责应急处置现场的信息报告工作。必要时，总部和各级单位可直接与现场信息报告人员联系，随时掌握现场情况。

第四十九条 建立健全突发事件预警制度，依据突发事件的紧急程度、发展态势和可能造成的危害，及时发布预警信息。

公司预警分为一、二、三、四级，分别用红色、橙色、黄色和蓝色标示，一级为最高级别。公司各类突发事件预警级别的划分，由相关职能部门在专项应急预案中确定。

第五十条　通过预测分析，若发生突发事件概率较高，有关职能部门应当及时报告应急办，并提出预警建议，经应急领导小组批准后由应急办通过传真、办公自动化系统或应急信息和指挥系统发布。

第五十一条　接到预警信息后，相关单位应当按照应急预案要求，采取有效措施做好防御工作，监测事件发展态势，避免、减轻或消除突发事件可能造成的损害。必要时启动应急指挥中心。

第五十二条　根据事态的发展，相关单位应适时调整预警级别并重新发布。有事实证明突发事件不可能发生、或者危险已经解除，应立即发布预警解除信息，终止已采取的有关措施。

第六章　应急处置与救援

第五十三条　发生突发事件，事发单位首先要做好先期处置，营救受伤被困人员，恢复电网运行稳定，采取必要措施防止危害扩大，并根据相关规定，及时向上级和所在地人民政府及有关部门报告。

对因本单位问题引发的、或主体是本单位人员的社会安全事件，要迅速派出负责人赶赴现场开展劝解、疏导工作。

第五十四条　根据突发事件性质、级别，按照"分级响应"要求，总部、相关分部，以及相关单位分别启动相应级别应急响应措施，组织开展突发事件应急处置与救援。结合公司管理实际，公司各层级应急响应措施一般分为两级。

第五十五条　发生重大及以上突发事件，公司应急领导小组直接领导，或研究成立临时机构、授权相关分部领导处置工作，事发单位负责事件处置；较大及以下突发事件，由事发单位负责处置，总部事件处置牵头负责部门跟踪事态发展，做好相关协调工作。

第五十六条　事发单位不能消除或有效控制突发事件引起的严重危害，应在采取处置措施的同时，启动应急救援协调联动机制，及时报告上级单位协调支援，根据需要，请求国家和地方政府启动社会应急机制，组织开展应急救援与处置工作。

第五十七条　公司各单位应切实履行社会责任，服从政府统一指挥，积极参加国家各类突发事件应急救援，提供抢险和应急救援所需电力支持，优先为政府抢险救援及指挥、灾民安置、医疗救助等重要场所提供电力保障。

第五十八条　事发单位应积极开展突发事件舆情分析和引导工作，按照有关要求，及时披露突发事件事态发展、应急处置和救援工作的信息，维护公司品牌形象。

第五十九条　根据事态发展变化，公司及相关单位应调整突发事件响应级别。突发事件得到有效控制，危害消除后，公司及相关单位应解除应急指令，宣布结束应急状态。

第七章　事后恢复与重建

第六十条　突发事件应急处置工作结束后，各单位要积极组织受损设施、场所和生产经营秩序的恢复重建工作。对于重点部位和特殊区域，要认真分析研究，提出解决建议和意见，按有关规定报批实施。

第六十一条　公司及相关单位要对突发事件的起因、性质、影响、经验教训和恢复重建等问题进行调查评估，同时，要及时收集各类数据，开展事件处置过程的分析和评估，提出防范和改进措施。

第六十二条　公司恢复重建要与电网防灾减灾、技术改造相结合，坚持统一领导、科学规划，按照公司相关规定组织实施，持续提升防灾抗灾能力。

第六十三条　事后恢复与重建工作结束后，事发单位应当及时做好设备、资金的划拨和结算工作。

第八章　监督检查和考核

第六十四条　公司建立健全应急管理监督检查和考核机制，上级单位应当对下级单位应急工作开展情况进行监督检查和考核。

第六十五条　公司各单位应组织开展日常检查、专题检查和综合检查等活动，监督指导应急体系建设和运行、日常应急管理工作开展，以及突发事件处置等情况，并形成检查记录。

第六十六条　公司各单位应将应急工作纳入企业综合考核评价范围，建立应急管理考核评价指标体系，健全责任追究制度。

第六十七条　公司建立应急工作奖惩制度，对应急工作表现突出的单位和个人予以表彰奖励；对履行职责不当引起事态扩大、造成严重后果的单位和个人，依据有关规定追究责任。

第九章　附　　则

第六十八条　本办法依据下列法律法规及相关文件规定制定：

(1)《中华人民共和国突发事件应对法》(中华人民共和国主席令第 69 号)；

(2)《国家突发公共事件总体应急预案》(国务院 2006)；

(3)《安全生产事故报告和调查处理条例》(国务院令第 493 号)；

(4)《电力安全事故应急处置和调查处理条例》(国务院令第 599 号)；

(5)《国务院关于加强应急管理工作的意见》(国发〔2006〕24 号)；

(6)《国务院办公厅关于加强基层应急队伍建设的意见》(国办发〔2009〕59 号)；

(7)《国务院办公厅关于加强基层应急管理工作的意见》(国办发〔2007〕52 号)；

(8)《国务院办公厅转发安全监管总局等部门关于加强企业应急管理工作的意见》(国办发〔2007〕13 号)。

第六十九条　本规定由国网安质部负责解释并监督执行。

第七十条　本规定自 2015 年 1 月 1 日起施行，原《国家电网公司应急工作管理规定》(国家电网安监〔2012〕1821 号)同时废止。

附件：1. 公司总部应急预案设置目录

　　　2. 公司系统各级单位应急预案体系图

附件1　公司总部应急预案设置目录

分　类	序号	预　案　名　称	发　布　部　门
总体预案	1	突发事件总体应急预案	安质部
自然灾害类	2	气象灾害处置应急预案	运检部
	3	地震地质等灾害处置应急预案	运检部
事故灾难类	4	人身伤亡事件处置应急预案	安质部
	5	大面积停电事件处置应急预案	安质部
	6	设备设施损坏事件处置应急预案	运检部
	7	通信系统突发事件处置应急预案	信通部
	8	网络信息系统突发事件处置应急预案	信通部
	9	环境污染事件处置应急预案	科技部
	10	煤矿及非煤矿山安全生产事件处置应急预案	安质部
	11	水电站大坝垮塌事件处置应急预案	运检部
公共卫生事件类	12	突发公共卫生事件处置应急预案	后勤部
社会安全事件类	13	电力服务事件处置应急预案	营销部
	14	重要保电事件处置应急预案	营销部
	15	突发群体事件处置应急预案	办公厅
	16	突发事件新闻处置应急预案	外联部
	17	涉外突发事件处置应急预案	国际部

附件 2　公司系统各级单位应急预案体系图

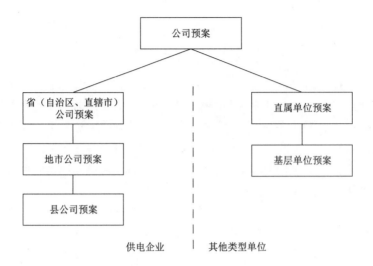

附录2 国家电网公司应急预案管理办法

第一章 总   则

第一条 为了规范国家电网公司（以下简称"公司"）突发事件应急预案管理工作，完善应急预案体系，增强应急预案的科学性、针对性、实效性和可操作性，制定本办法。

第二条 公司应急预案管理工作应当遵循统一标准、分类管理、分级负责、条块结合、协调衔接的原则。对涉及企业秘密的应急预案，应当严格按照保密规定进行管理。

第三条 公司各级单位负责本单位应急预案的管理，并指导和监督所属下级单位开展应急预案管理工作。国网安质部是公司总部应急预案体系管理和监督的责任部门，各职能部门是相关预案管理和实施的责任部门。公司所属各级单位应急管理归口部门是本单位应急预案体系管理和监督的责任部门，各职能部门是相关预案管理和实施的责任部门。

第四条 本办法适用于公司总（分）部、各单位及所属各级单位（含全资、控股、代管单位）的应急预案管理工作。

集体企业参照执行。

第二章 预 案 编 制

第五条 公司各级单位应按照"横向到边、纵向到底、上下对应、内外衔接"的要求建立应急预案体系。

第六条 公司应急预案体系由总体应急预案、专项应急预案和现场处置方案构成。

总体应急预案是应急预案体系的总纲，是公司组织应对各类突发事件的总体制度安排。专项应急预案是针对具体的突发事件、危险源和应急保障制订的方案。现场处置方案是针对特定的场所、设备设施、岗位，针对典型的突发事件，制订的处置措施和主要流程。

第七条 公司总（分）部、省（自治区、直辖市）电力公司设总体应急预案、专项应急预案，根据需要设现场处置方案。地市和县级供电企业设总体应急预案、专项应急预案和现场处置方案。其他单位根据工作实际，参照设置相应应急预案。

建立应急救援协调联动机制的单位，应联合编制应对区域性或重要输变电设施突发事件的应急预案。

第八条 总体应急预案由本单位应急管理归口部门组织编制；专项应急预案和现场处置方案由本单位相应职能部门组织编制。

第九条 应急预案的编制应依据有关方针政策、法律、法规、规章、制度、标准，并遵循公司的应急预案编制规范和格式要求，要素齐全。应急预案的内容应突出"实际、实用、实效"的原则，既要避免出现与现有安全生产管理规定、规程重复或矛盾，又要避免以应急预案替代规定、规程的现象。

第十条 在应急预案编制前，应成立应急预案编制工作组，明确编制任务、职责分工，制定编制工作计划，广泛收集编制应急预案所需的各种材料，充分分析本单位的各种风险因素，调查本单位的应急资源状况，评估本单位的应急工作现状。

第十一条 应急预案编制完成后，应征求应急管理归口部门和其他相关部门的意见，并组织桌面推演进行论证。涉及政府有关部门或其他单位职责的应急预案，应书面征求相关部门和单位的意见。

第十二条 应急预案编制责任部门根据反馈意见和桌面推演发现的问题，组织修改并起草编制说明。修改后的应急预案经本单位分管领导审核后，形成应急预案评审稿。

第三章 评审和发布

第十三条 总体应急预案的评审由本单位应急管理归口部门组织；专项应急预案和现场处置方案的评审由预案编制责任部门负责组织。

第十四条 总体、专项应急预案以及涉及多个部门、单位职责，处置程序复杂、技术要求高的现场处置方案编制完成后，必须组织评审。应急预案修订后，若有重大修改的应重新组织评审。

第十五条 总体应急预案的评审应邀请上级主管单位参加。涉及网厂协调和社会联动的应急预案，参加应急预案评审的人员应包括应急预案涉及的政府部门、能源监管机构和相关单位的专家。

第十六条 应急预案评审采取会议评审形式。评审会议由本单位业务分管领导或其委托人主持，参加人员包括评审专家组成员、评审组织部门及应急预案编写组成员。评审意见应形成书面意见，并由评审组织部门存档。

第十七条 应急预案评审包括形式评审和要素评审。

形式评审：是对应急预案的层次结构、内容格式、语言文字和编制程序等方面进行审查，重点审查应急预案的规范性和编制程序。

要素评审：是对应急预案的合法性、完整性、针对性、实用性、科学性、操作性和衔接性等方面进行评审。

第十八条 应急预案经评审、修改，符合要求后，由本单位主要负责人（或分管领导）签署发布。

应急预案发布时，应统一进行编号。编号采用英文字母和数字相结合，应包含编制单位、预案类别和顺序编号等信息。

第四章 备　　案

第十九条 公司所属各级单位应急预案按照以下规定做好公司系统内部备案工作。

备案对象：由应急管理归口部门负责向直接主管上级单位报备；

备案内容：总体、专项应急预案的文本，现场处置方案的目录；

备案形式：正式文件；

备案时间：应急预案发布后 20 个工作日内。

第二十条 受理备案单位的应急管理归口部门应当对预案报备进行审查，符合要求后，予以备案登记。

第二十一条　国网安质部负责按国家有关部门的要求做好总部应急预案的备案工作。公司各级单位应急管理归口部门负责按当地政府有关部门和能源监管机构的要求开展本单位应急预案备案工作，并监督、指导所辖单位做好应急预案备案工作。

第五章　培　训　与　演　练

第二十二条　公司总部各部门、各级单位应当将应急预案培训作为应急管理培训的重要内容，对与应急预案实施密切相关的管理人员和作业人员等组织开展应急预案培训。

第二十三条　公司总部各部门、各级单位应结合本部门、本单位安全生产和应急管理工作组织应急预案演练，以不断检验和完善应急预案，提高应急管理水平和应急处置能力。

第二十四条　公司总部各部门、各级单位应制定年度应急演练和培训计划，并将其列入本部门、本单位年度培训计划。总体应急预案的培训和演练每两年至少组织一次，各专项应急预案的培训和演练每年至少组织一次，各现场处置方案的培训和演练每半年至少组织一次。

第二十五条　应急预案演练分为综合演练和专项演练，可以采取桌面推演、现场实战演练或其他演练方式。

第二十六条　总体应急预案的演练经本单位主要领导批准后由应急管理归口部门负责组织，专项应急预案的演练经本单位分管领导批准后由相关职能部门负责组织，现场处置方案的演练经相关职能部门批准后由相关部门、车间或班组负责组织。

第二十七条　在开展应急预案演练前，应制定演练方案，明确演练目的、范围、步骤和保障措施和评估要求等。应急预案演练方案经批准后实施。

第二十八条　应急演练组织单位应当对演练进行评估，并针对演练过程中发现的问题，对修订预案、应急准备、应急机制、应急措施提出意见和建议，形成应急演练评估报告。

第六章　实　施　和　修　订

第二十九条　应急预案的实施由本单位应急领导小组领导，各职能部门负责各自所主管应急预案的具体组织实施，应急管理归口部门负责监督。

第三十条　发生突发事件，事发单位应当根据应急预案要求立即发布预警或启动应急响应，组织力量进行应急处置，并按照规定将事件信息及应急响应情况报告上级有关单位和部门。

应急处置结束后应对应急预案的实施效果进行评估，并编制评估报告。

第三十一条　公司各级单位应每年至少进行一次应急预案适用情况的评估，分析评价其针对性、实效性和操作性，实现应急预案的动态优化，并编制评估报告。

第三十二条　应急预案每三年至少修订一次，有下列情形之一的，应进行修订。

（一）本单位生产规模发生较大变化或进行重大技术改造的；

（二）本单位隶属关系或管理模式发生变化的；

（三）周围环境发生变化、形成重大危险源的；

（四）应急组织指挥体系或者职责发生变化的；

（五）依据的法律、法规和标准发生变化的；

（六）应急处置和演练评估报告提出整改要求的；

（七）政府有关部门提出要求的。

第三十三条 应急预案修订后应重新发布，并按照本办法第四章的规定重新备案。

第七章　组　织　保　障

第三十四条 公司各级单位应急管理归口部门应对应急预案管理工作加强指导和监督，并根据需要编写应急预案编制指南，指导应急预案编制工作。

第三十五条 公司各级单位应指定专门机构或人员负责应急预案管理相关工作；应急预案编制、评审、发布、备案、培训、演练、实施、修订等工作所需经费纳入预算统筹安排。

第八章　检　查　与　考　核

第三十六条 公司各级单位应急管理归口部门不定期对本单位和所属下级单位应急预案管理工作进行检查，通报检查结果，以指导各级单位不断完善和提升应急预案管理水平。

第三十七条 突发事件应急处置结束后，由公司总部应急管理归口部门或发生该突发事件的省级公司，组织对突发事件应急处置涉及的相关应急预案进行评估调查，并根据相关规定，对所涉及应急预案的准确性、有效性和执行情况进行考核。

第九章　附　　则

第三十八条 本办法由国网安质部负责解释并监督执行。

第三十九条 本办法自 2015 年 1 月 1 日起施行，原《国家电网公司应急预案管理办法》（国家电网安监〔2012〕1820 号）同时废止。

第四十条 本办法依据下列法律法规及相关文件规定，并结合公司实际制定。

（1）《中华人民共和国突发事件应对法》；

（2）《中华人民共和国安全生产法》；

（3）《安全生产事故报告和调查处理条例》（国务院第 493 号令）；

（4）《电力安全事故应急处置和调查处理条例》（国务院第 599 号令）；

（5）《突发事件应急预案管理办法》（国务院办公厅国办发〔2013〕101 号）；

（6）《生产安全事故应急预案管理办法》（国家安监总局第 17 号令）；

（7）《电力企业应急预案管理办法》（原国家电监会电监安全〔2009〕61 号）。

附录3　国家电网公司机动应急通信系统管理细则

[国网（信息/4）257—2014]

一、总　　则

第一条　为加强国家电网公司（以下简称公司）机动应急通信系统（以下简称应急通信系统）管理，明确管理职责，规范系统建设，确保应急通信系统安全、稳定运行，保障应对突发事件时的快速响应，依据《中华人民共和国无线电管理条例》（国务院、中央军委〔1993〕第128号令）、《中央企业应急管理暂行办法》（国资委〔2013〕第31号令）等法规和相关规定，制定本细则。

第二条　本细则就应急通信系统管理的职责分工、建设管理、运行管理、系统维护、应急演练、系统启用、岗位设置、评价考核等方面做出了具体规定。

第三条　本细则所称"公司各级单位"是指公司总（分）部、各单位及所属各级单位（含全资、控股、代管单位）以及上述公司所属的运行维护单位。

第四条　本细则适用于应急通信系统建设与运行维护管理的公司各级单位。

第五条　应急通信系统的建设管理遵循"统一规划、规范建设"的原则，运行管理遵循"集中管理、分级维护"的原则。

二、职　责　分　工

第六条　应急通信系统的管理部门和单位主要包括国网安质部、国网信通部、国网信通公司，各分部，省公司级单位，相关运行维护单位。国网安质部负责对应急通信系统提出管理要求；国网信通部负责应急通信系统的专业管理；国网信通公司负责应急通信系统的运行管理；各分部和省公司负责所辖区域应急通信系统的建设与运行管理；运行维护单位负责应急通信系统的日常维护与操作、演练，执行应急通信保障任务。

第七条　国网安质部是国家电网公司应急工作总体协调和管理部门，主要职责是：

（一）提出对应急通信系统使用功能、覆盖范围等方面的需求；

（二）在国家电网公司相关应急预案规定的各类自然灾害、突发事件处置，重要保电工作和组织应急演练时，下达应急通信系统启用通知。

第八条　国网信通部是国家电网公司应急通信系统专业管理归口部门，主要职责是：

（一）负责指导应急通信系统规划的编制，审批应急通信系统建设方案，对应急通信系统状态变更进行集中备案、归口管理；

（二）组织制定应急通信系统的相关技术标准；

（三）配合国网安质部做好应急通信系统协调监管工作；

（四）根据业务需求启用应急通信系统，并负责使用期间公司系统各级单位应急通信系统资源的组织和调用；

（五）负责监督、检查、评价应急通信系统的运行维护及日常演练工作；

（六）组织、协调应急通信系统无线电管理相关工作；

（七）负责对公司总部应急通信系统建设及改造的验收工作；

（八）审核应急通信系统公司总部投资部分的技改大修计划及运行维护费用。

第九条 国网信通公司受国网信通部委托，负责应急通信系统运行维护专业化管理，主要职责是：

（一）按照国网安质部、国网信通部的要求，组织完成应急通信保障任务，并提供技术支撑；

（二）负责应急通信系统的运行维护管理、统计分析评价及组织应急演练；

（三）负责公司总部中心站、车载站、便携站的运行维护；

（四）组织制定应急通信系统演练计划，并对分部、省公司的运行维护工作提供技术指导；

（五）受理、审核涉及公司总部的应急通信系统检修申请和涉及公司总部中心站的使用申请，并报国网信通部审批；

（六）办理公司总部无线电台（站）设台手续，领取电台执照，缴纳无线电频率资源占用费，在使用频率前向无线电管理机构履行告知义务，协助分部、省公司办理无线电管理有关手续；

（七）组织进行卫星转发器频率资源的租用及管理；

（八）组织应急通信系统技术培训；

（九）组织建立应急通信系统备品备件库，并负责管理备品备件；

（十）组织编制应急通信系统技术改造及大修计划，编制应急通信系统公司总部投资部分的运行维护费用计划；

（十一）配合各分部、省公司应急通信系统建设的生产准备工作。

第十条 分部是应急通信系统的属地化管理单位，相关内设机构的主要职责是：

（一）分部安全监察质量处是所辖区域应急通信系统总体协调和管理部门，主要职责是：

1. 按照分部的要求，提出所辖区域内应急通信系统使用功能、覆盖范围等方面的需求；

2. 负责在分部相关应急预案规定的各类自然灾害、突发事件处置，重要保电工作和组织应急演练时，下达应急通信系统启用通知。

（二）分部调控分中心是所辖区域应急通信系统专业归口管理部门，主要职责是：

1. 按照公司总部和分部对应急通信系统的业务需求，落实所辖应急通信系统建设和运行管理工作，对应急通信系统状态变更进行集中备案、归口管理；

2. 组织编制本区域应急通信系统规划、建设方案并报国网信通部审批；

3. 配合分部安全监察质量处做好应急通信系统协调监管工作，根据业务需求，下达所辖应急通信系统启用通知，负责使用期间系统资源的组织和调用，需公司总部调配应急通信资源时按程序提出申请；

4. 执行上级下达的应急通信保障任务及演练计划；

5. 负责所辖应急通信系统的运维管理、统计分析评价，组织制定分部应急通信系统演练计划，落实所辖区域中心站、车载站、便携站、固定站的运行维护责任；

6. 负责所辖范围内无线电台（站）设台手续办理，领取电台执照，缴纳无线电频率资源的租用及管理，在使用频率前向当地无线电管理机构履行告知义务等相关工作；

7. 受理、审核分部应急通信系统检修申请和涉及分部中心站的使用申请；

8. 组织编制分部应急通信系统技改大修计划和运行维护费用年度计划，报分部相关管理部门审批。

（三）车辆管理部门是分部所辖应急通信系统车辆维护保养工作的具体实施单位，由分部调控分中心协调确定，主要职责是：

1. 负责所辖应急通信系统车载站的车辆本体管理工作（日常维护保养、运行维护费用计划提报等）；

2. 负责所辖应急通信系统车载站的驾驶员管理工作。

第十一条 省公司级单位是应急通信系统的属地化管理单位，主要职责是：

（一）省公司级单位安全监察质量部（以下简称省安质部）是所辖区域应急工作管理部门，在应急通信系统管理方面的主要职责是：

1. 按照省公司级单位的要求，提出所辖区域内应急通信系统使用功能、覆盖范围等方面的需求；

2. 负责在公司相关应急预案规定的各类自然灾害、突发事件处置，重要保电工作和组织应急演练时，下达应急通信系统启用通知。

（二）省公司级单位科技信通部是所辖区域应急通信信通专业管理归口部门，主要职责是：

1. 负责按照公司总部（分部）、省公司级单位对应急通信系统的业务需求，组织研究落实系统规划、技术规范、建设方案并报国网信通部审批；

2. 配合省公司级单位安质部做好应急通信系统协调监管工作；

3. 按照业务需求，审批、下达所辖区域应急通信系统启用通知，负责使用期间系统资源的组织和调用，需公司总部调配应急通信资源时按程序提出申请；

4. 负责监督、检查、评价所辖区域应急通信系统的运行维护及日常演练工作；

5. 组织、协调所辖区域应急通信系统无线电管理相关工作。

6. 协同相关部门审批所辖区域应急通信系统检修计划，审核应急通信系统技改大修计划，审核、落实应急通信系统运行维护费用年度计划；

7. 负责本单位应急通信系统建设和改造的验收工作。

（三）省公司级单位信息通信公司是所辖区域内应急通信系统运行维护专业化管理单位，主要职责是：

1. 按照省安质部、省科技信通部的要求，组织完成应急通信保障任务，并提供技术支撑；

2. 负责所辖区域内应急通信系统的运行维护管理、统计分析评价及组织应急演练等；

3. 负责省公司本部所属应急通信设备的运行维护；

4. 组织制定所辖区域内应急通信系统操作维护手册、日常演练计划，并对地市供电企业的运行维护工作提供技术指导；

5. 组织完成国网信通公司、省公司安质部和科技信通部下达的应急通信保障任务；

6. 受理、审核省公司所辖应急通信系统的检修申请和使用申请，并报主管部门审批；

7. 负责所辖区域应急通信系统无线电频率资源的租用及管理，办理或协助办理无线电管理有关手续，领取电台执照，在使用频率前向省级无线电管理机构履行告知义务等相关工作；

8. 组织所辖区域内应急通信系统的技术培训；

9. 组织建立所辖区域内应急通信系统备品备件库，并负责管理备品备件；

10. 组织编制所辖区域内应急通信系统技改大修计划和运行维护费用年度计划。

（四）其他运行维护单位是应急通信系统运行维护工作的具体实施单位，主要职责是：

1. 负责所辖应急通信设备的运行维护；

2. 服从上级单位调度指挥，执行上级下达的通信保障任务；

3. 提出所辖应急通信系统相关设备的检修、技改及大修计划等；

4. 负责所辖应急通信系统运行统计和分析，并向省公司信通公司上报；

5. 协助配合上级组织的事故调查，提出整改措施并实施；

6. 负责本单位人员的安全教育、安全考核和技术培训；

7. 编制所辖应急通信系统的年度运行维护费用计划。

（五）车辆管理部门是应急通信系统车辆维护保养工作的具体实施单位，由应急通信系统主管部门协调确定，主要职责是：

1. 负责所辖应急通信系统车载站的车辆本体管理工作（日常维护保养、运行维护费用计划提报等）；

2. 负责所辖应急通信系统车载站的驾驶员管理工作。

三、建 设 管 理

第十二条 应急通信系统为非经常性使用的应急设施，各级单位应急通信系统的建设应贯彻经济实用的原则，实行"系统审批、终端备案"的集约化管理，实现统一系统规划、统一技术规范、统一调配使用。

第十三条 应急通信系统建设项目由分部、国网信通公司、省公司级单位负责提出，并以正式文件上报公司总部，经国网信通部审核批准后纳入公司预算管理，方可建设。

第十四条 严格控制系统建设规模，未经批准不得新建应急通信系统（含中心站、车载站、便携站、固定站）。

第十五条 新建或改造的应急通信系统应以便携站或越野机动性能较好的车载站为主。

第十六条 申请新建或改造应急通信系统，须符合以下条件：

（一）有充分的建设必要性，符合实际需求；

（二）公司各级单位应急通信系统作为国家电网公司应急通信系统的组成部分，其功能、技术规范应符合国家电网公司关于应急通信系统的总体要求，可实现互联互通，并能与电力专用通信固定网络高度集成；

（三）新建应急通信系统中，其小口径终端（VSAT）卫星通信系统所使用的卫星资源和卫星通信设备应统一纳入国家电网公司经国家无线电管理机构批准设立的卫星通信网络，不得加入其他单位的 VSAT 卫星网络，所用设备符合国家关于无线电台设置使用及无线电发射设备管理的相关规定。

第十七条 公司系统内在本细则颁布实施前已建成的其他应急通信系统，应经适当改造纳入国家电网公司应急通信系统，并采取网络与信息安全防护措施。

（一）公司各级单位自建系统与国家电网公司统一组建系统技术体制相一致的，应当尽快纳入国家电网公司统一组建系统的管理；

（二）公司各级单位自建系统与国家电网公司统一组建系统技术体制不一致的，不得再进行系统扩建，应通过系统改造逐步纳入国家电网公司统一组建系统的管理。

第十八条 海事卫星电话终端及多媒体数据终端等应急通信外围设备，公司各级单位可根据需要适当配置。为确保必要时可统一调度和互相支援，实行集中备案登记制度。

第十九条 应急通信系统通常具备高清视频会议、电力系统电话延伸、无线单兵图像采集、集群对讲、北斗或 GPS 定位、数据网络接入、信息安全加密等功能。

第二十条 公司各级单位应于每年年底将应急通信系统和应急通信外围设备配备规模上报至国网信通公司，由国网信通公司汇总后报国网信通部备案，报备表格式见附件 1。

四、运行维护

第二十一条 由公司总部、分部、省公司级单位建设的应急通信系统的运行维护管理实行分级负责。

第二十二条 应急通信系统的设备检修管理工作纳入通信维护检修管理范畴，检修报批按电力通信检修管理相关规定执行。

第二十三条 运行维护单位应定期做好所辖范围内应急通信系统的设备运行统计分析工作，定期将运行统计结果报运行维护管理单位（《应急通信系统运行情况统计表》见附件 2），运行维护管理单位定期编制运行情况总报告并报应急通信系统专业管理部门。

第二十四条 运行维护单位应按规定编制应急通信系统年度运行维护费用计划，按资产所属关系向产权单位管理部门申请，由相应管理部门负责审批并落实。

第二十五条 运行维护单位应按照应急通信系统管理规范和技术手册要求，定期进行设备及车辆检测、清洁、保养、演练，定期进行软件维护、数据备份等工作。

第二十六条 应急通信系统的备品备件及专用仪器仪表应有专人保管，定期加电检查测试，保证备品备件、专用仪器仪表的机械和电气性能符合技术指标要求。

第二十七条 应急通信系统相关设备技术说明、图纸、运行记录等资料应齐全准确，符合实际，并有专人妥善保管。

第二十八条 新增应急通信设施的技术指标、安全防护措施和运行条件应符合所加入应急通信系统的技术体制，入网方案应经过应急通信系统专业管理部门审批，由应急通信系统运行维护管理单位组织测试，测试合格后，方能正式投入运行。

第二十九条 应急通信设备因管理、政策、安全、技术、寿命等因素需退出运行时，应由运行维护单位提交退出运行申请，报应急通信系统专业管理部门审批。

第三十条 运行维护单位应定期组织各岗位人员进行专业技术、实际操作、规程规范、安全保密等培训，定期开展技术交流。

第三十一条　当应急通信系统出现故障，影响语音、视频、数据等业务的正常传输时，运行维护单位应立即向相应中心站汇报，并迅速进行故障处理。故障处理完毕后，24小时内向运行维护管理单位及相关管理部门提交故障分析报告。运行维护管理单位应定期将运行故障解决方案汇总并组织各运行维护单位学习。

第三十二条　发生重大故障或事故，运行维护单位应积极配合事故调查工作，查明发生经过和原因，总结经验教训，制定整改措施并尽快落实。

五、安　全　管　理

第三十三条　公司各级单位应根据国家电网公司相关规定，按照"谁使用、谁负责，谁维护、谁负责"的原则，落实安全责任，切实做好应急通信系统的安全管理工作。

第三十四条　公司各级单位应建立健全安全检查、安全监督及安全内控机制，实现安全生产闭环管理。

第三十五条　公司各级单位应严格执行国家及国家电网公司安全管理的有关规定，制定安全生产责任机制，并根据公司有关保密工作的管理规定，建立健全保密机制。

第三十六条　公司各级单位不得在应急通信系统中传送涉及国家秘密的信息，经卫星传送不涉及国家秘密的内容时，必须采取安全防护措施。

第三十七条　公司各级单位不得随意处置应急通信系统中使用的网络密码机等安全防护装置，装置发生故障时应送至符合国家相关管理规定的指定单位维修，装置报废、销毁时应按国家相关规定备案，装置的运输、保管过程应当采取相应的安全措施，使用单位和人员必须对所接触和掌握的安全防护技术承担保密义务。

第三十八条　车载站、便携站配备的 WiFi 等无线数据接入系统，必须采取数据加密、访问控制等安全措施。接入应急通信系统应使用专用电脑，个人电脑不得接入系统。如需使用存储设备接入应急通信系统网管、服务器等，应使用国家电网公司安全 U 盘或安全移动硬盘，其他存储设备不得接入。

第三十九条　各运行维护单位应加强中心站、车载站、便携站和固定站的安全防护以及会商区、设备区、活动区的出入管理，禁止无关人员进入和接触。

六、应　急　演　练

第四十条　应急演练是检验应急通信系统运行水平、应急保障能力的有效手段，应定期组织开展应急通信系统演练。

第四十一条　应急通信系统演练内容主要包括：中心站、车载站、便携站、固定站等应急通信设备的启动操作、性能测试、功能校核等。

第四十二条　各级中心站应组织制定应急通信系统演练计划，演练频度每月不得少于1次。

七、使　用　流　程

第四十三条　公司各级单位应急通信系统作为公司统一建设运行的系统，在发生自然灾害、系统事故等特殊情况时，应服从公司总部跨省跨级的统一调配。

第四十四条 当应急管理部门决定使用应急通信系统时，由该部门以书面形式向同级运行维护管理单位下达《应急通信系统使用通知书》，格式见附件3，并抄送专业管理部门，《应急通信系统使用流程》详见附件4。

第四十五条 当应急通信系统专业管理部门根据业务需求决定启用应急通信系统时，由专业管理部门以书面形式向同级运行维护管理单位下达《应急通信系统启用通知书》，格式见附件3，并抄送应急管理部门，《应急通信系统使用流程》详见附件4。

第四十六条 当其他单位（部门）需要使用应急通信系统，向上级管理部门提出书面申请，经批准后方可实施，并报应急管理部门备案，《应急通信系统使用申请单》见附件5。

第四十七条 申请使用应急通信系统时，计划性工作提前申请时间不少于3个工作日；非紧急的临时性工作提前申请时间不少于1个工作日；紧急的临时性工作须补办申请。日常演练计划按年报批，其他计划性工作按月报批，临时性工作一事一报。《应急通信系统使用流程》详见附件4。

第四十八条 应急通信系统在应急现场执行应急保障任务时，应于每日16：00前将当日车辆、设备、设施的运行工况、提供的业务内容及相关工作情况报运行维护管理单位，由运行维护管理单位汇总后报应急通信系统专业管理部门备案，《应急通信系统通信保障情况汇报表》详见附件6。

第四十九条 应急通信系统在应急现场执行应急保障任务结束后，应向应急通信保障任务下达单位提出应急通信系统回撤申请，得到批准后，方可撤回，《应急通信系统回撤申请单》详见附件7。

八、岗 位 设 置

第五十条 为保证应急通信系统安全管理和稳定运行，负责运行维护的单位应设置应急通信系统运行管理岗位、运行维护岗位、车辆驾驶和维护岗位，公司各级单位可根据自身情况安排人员兼职。公司各级单位应按年度上报各岗位人员名单，如有变动，应及时上报。

第五十一条 为满足执行应急通信保障任务、演练和系统调试需要，中心站岗位配置不得少于3人，车载站岗位配置不少于4人（包括驾驶员），便携站岗位配置不少于3人。

第五十二条 运行管理岗位职责：负责组织执行上级下达的应急演练、系统调试和通信保障任务，制定并落实现场实施方案；负责现场协调工作；负责网络与信息安全管理；负责系统运行统计、分析和报告工作。

第五十三条 运行维护岗位职责：负责应急通信系统的设备管理、设备操作、状态监视、运行维护和故障处理；中心站同时负责应急通信系统使用期间的网络控制、技术支持和调度指挥。

第五十四条 车辆驾驶和维护岗位职责：负责应急通信系统车载站车辆的驾驶、维护和保养工作；负责按规定办理车辆年检手续；负责管理维护车辆的附加发电机油箱；负责协助其他岗位人员完成现场布置工作。

九、检　查　考　核

第五十五条　应急通信系统应定期开展运行质量评价，主要考核评价指标包括设备完好率、日常演练出勤率、日常演练成功率。设备完好率是指每月度内各类型设备性能完好数量占设备总量的比例；日常演练出勤率是指各站点在年度内实际参加日常演练次数占日常演练计划要求参加总次数的比例；日常演练成功率是指各站点实际参加日常演练成功次数占日常演练计划要求参加总次数的比例。

考核评价指标按以下公式计算。

（一）设备完好率：设备完好率＝（完好设备台数/设备总台数）×100％。

（二）日常演练出勤率：日常演练出勤率＝实际参加日常演练次数/应参加日常演练次数×100％。

（三）日常演练成功率：日常演练成功率＝日常演练成功次数/应参加日常演练次数×100％。

日常演练成功定义：在规定时限内完成卫星信道开通，且视频、语音、数据三项主要业务正常开通视为演练成功，任意一项出现故障视为不成功。

第五十六条　凡出现因人为责任（维护不善、误操作等）造成应急通信系统（包括车辆、设备）故障、轻微损坏，予以通报批评；发生因人为责任造成应急通信业务中断、车辆及设备严重损坏、人员伤亡等事故，纳入责任单位安全考核记录，按国家电网公司规定追究相关单位及当事人责任。

第五十七条　应急通信系统运行维护管理单位依据本细则定期对系统运行维护管理工作进行考核评价，并报上级主管部门备案。

第五十八条　国网信通部对应急通信系统总体运行情况进行考核评价，组织开展应急通信系统运行维护管理工作的督查，并对检查结果予以通报。

十、附　　则

第五十九条　本细则由国网信通部负责解释并监督执行。

第六十条　本细则自 2014 年 6 月 1 日起施行。原《国家电网公司机动应急通信系统管理办法（试行）》（国家电网调〔2009〕774 号）同时废止。

第六十一条　本细则中的术语解释如下：

（一）应急通信系统：是指装载于机动车、小型设备箱等可移动载体，以卫星通信为远程传输的主要技术手段，具有机动灵活性，可为抗灾救灾指挥、重要保电工作和公司重大活动提供语音、视频、数据等通信业务的应急通信系统。应急通信系统主要由网络控制中心站（简称中心站）、车载通信站（简称车载站）、便携通信站（简称便携站）和固定通信站（简称固定站）组成，是国家电网公司通信系统的重要组成部分，与电力专用通信网中其他通信资源相配合，构成国家电网公司应急指挥通信系统。

（二）中心站：是对应急通信系统中车载通信站、便携通信站和固定通信站相关设备实施运行状态监视、网络集中控制、业务统一调度的控制管理中心，也是与电力专用通信固定网络互联互通的枢纽站。

（三）车载站：装载于专用车辆内，可快速灵活布置，具有较好的通信操作值守工作环境和较强的防风防雨等能力，实现应急通信业务远程传输、近程覆盖和接入功能的移动通信站。车载站与应急通信车基本同义。

（四）便携站：由若干小型设备箱、可拆装式天线组成，可通过一般交通工具（飞机、火车、汽车、轮船等）或人力搬运，快速灵活布置，实现应急通信业务远程传输、近程覆盖和接入功能（不含无线集群电话）的移动通信站。

（五）固定站：安装于固定地点，实现应急通信业务远程传输、近程覆盖和接入功能的通信站。

（六）应急管理部门：是对国网安质部、分部安全监察质量处、省公司级单位安全监察质量部、地市供电企业安全监察质量部的统称。

（七）专业管理部门：是对国网信通部、分部调控分中心、省公司级单位科技信通部、地市供电企业运维检修部的统称。

（八）运行维护管理单位：是对国网信通公司、分部调控分中心、省公司级单位信息通信公司的统称。

（九）其他运行维护单位：是指拥有应急通信设备的地市供电企业信息通信公司、运维检修公司等单位。

附件：1. 应急通信系统备案表
2. 应急通信系统运行情况统计表
3. 应急通信系统启用通知书
4. 应急通信系统使用流程
5. 应急通信系统使用申请单
6. 应急通信系统通信保障情况汇报表
7. 应急通信系统回撤申请单

附件 1 应急通信系统备案表

| 填报单位： | 联系人： | | 电话： | 邮件地址： |

序号	装备类型	单位	数量			备 注
			国网公司统一建设	分部省公司自建	小计	
1	中心站	座				
2	车载站	辆				若有不同底盘类型车载站，应分别列出
3	便携站	套				
4	固定站	座				
5	卫星电话	部				若有海事卫星、铱星等不同类型卫星电话，应分别列出

附件2　应急通信系统运行情况统计表

年月应急通信系统运行情况统计表

填表日期：

单位名称		站点类型 （车载/便携/中心站）	
填表人		联系电话	
设备完好率 （统计结果与主要参数）			
应急通信业务开通率 （统计结果与主要参数）			
应急通信业务可用率 （统计结果与主要参数）			
运行中断时间及原因分析 （另附页详细说明）			
设备故障及处理结果 （另附页详细说明）			
本月运行情况总结 （附每次任务完成报告单， 总结可另附页）			

附件 3　应急通信系统启用通知书

编号：

（公司）：

根据×××（国家电网公司/分部/省公司相关预案规定/应急演练需要/公司信息通信专业需求/其他）的要求，决定自年月日时分至年月日时分启用应急通信系统，要求实现××与××现场的语音、视频、数据通信。请提前做好相关准备，确保应急通信系统顺利开启，各项功能正常。

请将系统启用及功能开通情况于年月日时前报至×××〔安全质量部（处）/信息通信部（科技信通部）〕，联系人，座机，手机，传真。

×××（单位/部门名称）
年　月　日

附件4 应急通信系统使用流程

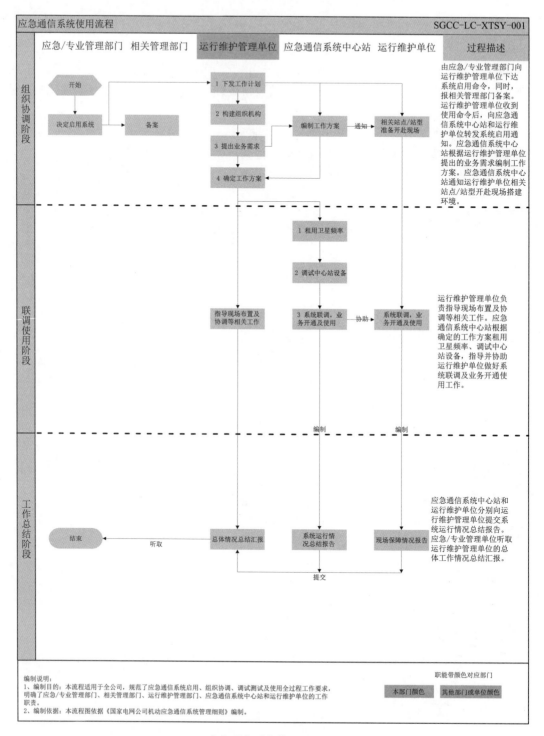

应急通信系统使用流程图

附件5 应急通信系统使用申请单

编号：YJSYSQ-××××-××　　　　　　　　申请时间：　年　月　日

申请单位				
申请人		联系电话		
使用类型	☐ 中心站	☐ 车载站	☐ 便携站	☐ 固定站
使用地点				
用途	☐ 日常演练　　　☐ 功能测试　　　☐ 应急保障 ☐ 演示汇报　　　☐ 其他			
开通时间		结束时间		
业务需求				
技术方案 （可另附方案）				
现场工作单位	现场工作 负责人		联系电话	
申请单位负责人		签字：　　　　　时间：		
受理单位意见	运维管理部门	签字：　　　　　时间：		
	专业管理部门	签字：　　　　　时间：		
	应急管理部门	签字：　　　　　时间：		
备注				

填表说明：

1. "用途"——未在表中所列范围内的用途，可单独说明。
2. "业务需求"——描述使用VSAT卫星/海事卫星/视频会议/单兵/集群/MESH等方式开通语音/图像/数据业务的需求。
3. "技术方案"——说明表中"业务需求"内容的详细实现方式及需要上级单位协调配合的内容，由运维管理部门负责对技术方案进行审核。
4. 运维管理部门包括分部调控分中心、国网信通公司、省信通公司、地市信通公司，专业管理部门包括国网信通部、分部调控分中心、省科技信通部，应急管理部门包括国网安质部、分部安质处、省安质部。

附件6 应急通信系统通信保障情况汇报表

填表日期：

应急保障任务名称			
执行通信保障时间		执行通信保障地点	
单位名称		站点类型 （车载/便携/固定站）	
填表人		联系电话	
业务开通情况			
业务使用情况			
工作总结			

附件 7 应急通信系统回撤申请单

编号：YJHCSQ-××××-××　　　　　　　　　　申请时间：　　年　月　日

申请单位			
申请人		联系电话	
使用类型	□ 车载站　　　　　□ 便携站		
使用地点			
用途	□ 日常演练　　　　　□ 功能测试　　　　　□ 应急保障 □ 演示汇报　　　　　□ 其他		
开通时间		结束时间	
业务完成情况			
申请单位负责人		签字：　　　　　时间：	
受理单位意见	运维管理部门	签字：　　　　　时间：	
	专业管理部门	签字：　　　　　时间：	
	应急管理部门	签字：　　　　　时间：	
备注			

填表说明：

1. "用途"——未在表中所列范围内的用途，可单独说明。

2. "业务完成情况"——描述参加此次通信保障任务的完成情况。

3. 运维管理部门包括分部调控分中心、国网信通公司、省信通公司、地市信通公司，专业管理部门包括国网信通部、分部调控分中心、省科技信通部，应急管理部门包括国网安质部、分部安质处、省安质部。

参 考 文 献

［1］ 李文峰，等．现代应急通信技术［M］．西安：西安电子科技大学出版社，2007.

［2］ 孙玉．应急通信技术总体框架讨论［M］．北京：人民邮电出版社，2009.

［3］ 冯烈丹，向军．对未来应急通信发展的思考［J］．卫星与网络，2010（5）：42－44.

［4］ 闫士权．关于构建国家应急卫星通信网的思路［J］．航天器工程，2009，18（3）：1－7.

［5］ 士权．我国应急通信发展现状和展望［J］．数字通信世界，2010（9）：14－17.

［6］ 李宾，王太峰，张艳．浮空平台应急通信系统的应用［J］．中国新通信，2010（13）：24－26.

［7］ 吕海，等．卫星通信系统［M］．北京：人民邮电出版社，1994.

［8］ 王秉钧，等．现代卫星通信系统［M］．北京：电子工业出版社，2004.

［9］ 余波．IPSTAR 宽带卫星通信系统及其在应急通信中应用［J］．通信与信息技术，2010（1）：81
－84.

［10］ 烈丹，向军．动中通卫星天线的选择［J］．卫星与网络，2009（9）：40－42.

［11］ 李伟坚，等．应急卫星通信系统技术体制的优化选择［J］．卫星与网络，2012（zl）：66－71.

［12］ 周熙，等．改进型卫星 CFDAMA MAC 协议时延性能分析［J］．南京理工大学学报（自然科学
版），2005，29（1）：77－80.

［13］ Rappaport，T．s．无线通信原理与应用［M］．周文安，等，译．2 版．北京：电子工业出版社，2012.

［14］ 章至武．移动通信［M］．4 版．西安：西安电子科技大学出版社，2013.

［15］ 昌信，曹丽娜．通信原理［M］．7 版．北京：国际工业出版社，2012.

［16］ 海波．浅谈第三代移动通信的若干关键技术及发展方向［J］．中山大学学报（自然科学版），
2003，42（2）145－148.

［17］ 陈兆海．应急通信系统［M］．北京：电子工业出版社，2012.

［18］ 张雪丽，等．应急通信新技术与系统应用［M］．北京：机械工业出版社，2010.

［19］ 杨运年．VSAT 卫星通信网［M］．北京：人民邮电出版社，1998.